全国高职高专系列教材

高职应用数学
（第2版）

主　编　宋剑萍　李洁琼　崔　亚
副主编　陈禹默　胡　刚
策　划　焦安红
主　审　荣　梅

上册

同济大学出版社
TONGJI UNIVERSITY PRESS
·上海·

内 容 提 要

本教材是在传统教材的基础上,增加了数学软件编程与视频微课的新形态教材,适合高职学生和高技能应用型人才的学习使用,分上册和下册出版。

教材上册分为函数、极限与连续、空间解析几何、导数与微分4个模块内容。下册分为线性代数、积分、常微分方程、概率与统计4个模块内容。每个模块均配有专业案例、课后提升、知识小结和能力提升等内容。例题解答方法有手工计算与数学软件编程两种。通过手机扫描二维码,可观看微课视频。

图书在版编目(CIP)数据

高职应用数学. 上册 / 宋剑萍,李洁琼,崔亚主编
. — 2版. — 上海:同济大学出版社,2023.7
ISBN 978-7-5765-0877-2

Ⅰ.①高… Ⅱ.①宋… ②李… ③崔… Ⅲ.①应用数学-高等职业教育-教材 Ⅳ.①O29

中国国家版本馆CIP数据核字(2023)第135482号

全国高职高专系列教材

高职应用数学(上册)(第2版)

主编 宋剑萍 李洁琼 崔 亚

责任编辑 张崇豪 陈佳蔚　责任校对 徐春莲　封面设计 陈益平

出版发行	同济大学出版社　www.tongjipress.com.cn
	(地址:上海市四平路1239号　邮编:200092　电话:021-65985622)
经　销	全国各地新华书店
印　刷	常熟市大宏印刷有限公司
开　本	890mm×1240mm　1/16
印　张	9.5
字　数	304 000
版　次	2023年7月第2版
印　次	2023年7月第1次印刷
书　号	ISBN 978-7-5765-0877-2

定　价　33.00元

本书若有印装质量问题,请向本社发行部调换　　版权所有　侵权必究

第2版前言

本套教材是"全国高职高专系列教材"《高职应用数学》第2版,分上、下两册出版。

教材第1版自2019年出版以来,先后印刷5次,受到众多高等职业学校广大教师和学生的喜爱,并于2022年1月进入陕西省申报"十四五"首批职业教育国家规划教材初审合格名单,2022年11月进入陕西省申报2022年职业教育和高等教育优秀教材初审合格名单。

近年来高等职业教育各方面发生了很大变化:(1)高等职业学校生源状况有了很大的变化,三校生、社会生的加入导致生源进一步复杂,学生基础进一步拉开距离;(2)"以服务为宗旨,以就业为导向"已成为职业教育的共识,高职公共基础必修课程——数学的教学更应以职业为导向,以应用为前提;(3)经过大量的调查、研讨,教师们在对第1版教材给予充分肯定的同时,也提出了很多宝贵意见。因此,为更好地服务于高等职业教育,我们对第1版系列规划教材《高职应用数学》(上、下册)进行了修订。

为充分发挥本教材在高素质、高技能人才培养中的作用,在教材修订过程中,我们力求语言简练、内容通俗易懂,避免因文字、图例等不够准确影响教学质量。第2版教材主要在以下几方面进行了修订:

1. 从专业课角度编选一些实际问题,还编写了一些数学在各类专业课中的应用案例,目的都是为了达到数学与专业知识的零距离衔接。除此之外,还着重增加了"德育"资源:即体现职业精神、工匠精神等思政育人的案例,以帮助学生毕业后有能力适应不断变化的就业市场,培养学生转岗、创业、立业的能力。

2. 对教材中的习题进行了修改,其难易程度更贴合于高职学生的认知。选取习题、例题时不仅满足对学生最基本的计算能力要求,还做到由浅入深、由易到难,有针对性地涵盖了部分专升本考点,为学生搭建难易适中的台阶。

3. 充分调查了高职计算机信息类专业对于数学基础知识的要求后,删除了集合论章节。

4. 修订了第1版教材中不规范的文字,更正了图例中的错误以及教材中部分结构内容不合理的地方。

本教材由西安职业技术学院宋剑萍、李洁琼、崔亚担任主编,焦安红负责策划,荣梅主审,陈禹默、胡刚担任副主编。李洁琼负责修订编写模块1,模块2,模块3和模块5的5.3;崔亚负责修订编写模块4;宋剑萍负责修订编写模块5的5.1、5.2以及二维码信息;陈禹默负责修订编写模块6,模块8的8.2、8.3和8.4;胡刚负责修订编写模块7和模块8的8.1。

我们既是教材的编写者,也是教材的使用者。自教材出版之日起我们一直在不断检查和审视这套教材。通过教材的反复使用,不断改进和完善,力求使之更加符合高等职业教育培养目标的要求,更有生命力,更能为师生所接受,以方便教学和学习。由于修改时间有限,可能还存在很多暂未发现的瑕疵,欢迎各位同行、读者批评指正。

编　者
2023年5月

第1版前言

"全国高职高专系列规划教材"是根据教育部制定的三年制高职教育基础课程教学的基本要求,在总结交流多所院校数学课程教学改革经验的基础上,由多名从事数学教学一线的教师和参加国内、国际大学生数学建模竞赛的指导教师共同编写而成。

本教材根据高素质技能人才对数学知识的实际要求,力求贯彻"以应用为目的,以必需、够用为度,以手工演算和科学计算工具为手段,以基本概念、基本运算为要求"的原则,融工科类、经济类、计算机类等数学内容为一体。

1. 在内容的编排上,以案例—数学概念—基本运算—应用为主线,注重学生对基本概念和基本运算的掌握,减少繁琐的推理、计算和证明,同时利用数学软件 MATLAB、LINGO、SPSS 解答例题,降低机械性、技巧性运算的要求,帮助高职学生克服在数学运算上的困难。

2. 在信息化教学手段的应用上,将知识难点和重点制作成微课视频;为培养学生的文化素养,收集了数学知识来源和数学家介绍等阅读材料,这些视频和阅读材料均转换成二维码信息,学生用手机扫描二维码,就可以观看和阅读。

3. 在案例选择上,结合各专业的特点,力求做到知识与应用紧密结合,理论学习和能力培养相得益彰。

4. 在例题、习题的选取上,做到由浅入深、由易到难,为学生搭建合适的台阶。

5. 在内容结构上,注意与现行的高中及中职教学内容相衔接,并借鉴了国内外教材的优点。

本教材重点强调数学知识在生产、生活和学生专业课程中的应用,注重学生职业核心能力的培养,突出高职高专教育培养高素质技能型、应用型人才的数学课程设置的教学理念。

本教材的编写任务分配是:胡刚编写第1章和第9章的9.1;宋剑萍编写第6章的6.1和6.2;李洁琼编写第2章,第3章,第4章和第6章的6.3;崔亚编写第5章;陈禹默编写第7章,第9章的9.2,9.3和9.4;赵珊编写第8章,蔡云波负责整本书的二维码信息。

本教材由西安职业技术学院宋剑萍和蔡云波担任主编,蔡云波负责策划,宋剑萍最后主审。西安职业技术学院李洁琼、陈禹默、胡刚、崔亚、赵珊为副主编。

在本教材的编写过程中,得到了参编学校各级领导的关心和支持,参阅了有关的文献和教材,在此,对相关作者一并表示衷心感谢。

由于作者水平有限,教材中不免有疏漏错误之处,恳请使用本教材的师生多提意见和建议,以便更正。

编 者
2019 年 4 月

目　录

第 2 版前言
第 1 版前言

模块 1　函数 ·· 001
　1.1　函数的定义与性质 ·· 005
　　　1.1.1　函数的概念 ·· 005
　　　1.1.2　函数的性质 ·· 006
　1.2　数据拟合 ··· 009
　　　1.2.1　用 MATLAB 求解插值问题 ··· 009
　　　1.2.2　用 MATLAB 做曲线拟合问题 ·· 009
　1.3　经济函数 ··· 013
　　　1.3.1　成本函数、收入函数和利润函数 ·· 013
　　　1.3.2　需求函数与供给函数 ··· 014
　1.4　常见初等函数与复合函数 ··· 017
　　　1.4.1　基本初等函数 ·· 017
　　　1.4.2　复合函数 ·· 019
　　　1.4.3　初等函数 ·· 020
　　　知识小结 ··· 021
　　　能力提升 ··· 022

模块 2　极限与连续 ··· 023
　2.1　极限的概念 ·· 027
　　　2.1.1　数列的极限 ··· 027
　　　2.1.2　函数的极限 ··· 029
　2.2　极限的运算 ·· 033
　　　2.2.1　极限的运算法则 ··· 033
　　　2.2.2　两个重要极限 ·· 036
　2.3　无穷大量与无穷小量 ·· 040
　　　2.3.1　无穷小量 ·· 040
　　　2.3.2　无穷大量 ·· 042
　2.4　函数的连续性 ··· 044
　　　2.4.1　连续函数的概念 ··· 044
　　　2.4.2　函数的间断点 ·· 046
　　　2.4.3　初等函数的连续性 ·· 047
　　　知识小结 ··· 049
　　　能力提升 ··· 049

模块 3　空间解析几何 ··· 051

3.1　空间直角坐标系 ··· 055
- 3.1.1　空间直角坐标系 ··· 055
- 3.1.2　空间点的直角坐标 ··· 055
- 3.1.3　空间两点之间的距离 ··· 056

3.2　空间向量 ··· 058
- 3.2.1　向量的概念及运算 ··· 058
- 3.2.2　向量的数量积与向量积 ··· 061

3.3　空间直线及平面 ··· 065
- 3.3.1　空间直线 ··· 065
- 3.3.2　空间平面 ··· 067

3.4　常见曲面方程 ··· 071
- 3.4.1　常见曲面方程 ··· 071
- 3.4.2　空间曲面练习 ··· 073
- 知识小结 ··· 074
- 能力提升 ··· 074

模块 4　导数与微分 ··· 077

4.1　导数的概念与运算 ··· 079
- 4.1.1　导数的概念 ··· 080
- 4.1.2　导数的运算 ··· 085

4.2　微分的概念与运算 ··· 095
- 4.2.1　微分的概念 ··· 095
- 4.2.2　微分的运算 ··· 098
- 知识小结 ··· 102
- 能力提升 ··· 102

4.3　导数的应用 ··· 105
- 4.3.1　洛必达法则 ··· 105
- 4.3.2　函数的单调性 ··· 108
- 4.3.3　函数的极值与最值 ··· 110
- 4.3.4　边际与弹性 ··· 115
- 知识小结 ··· 121
- 能力提升 ··· 121

4.4　多元函数微分 ··· 123
- 4.4.1　多元函数的概念 ··· 123
- 4.4.2　偏导数 ··· 128
- 4.4.3　全微分及其应用 ··· 133
- 4.4.4　二元函数的极值与最值 ··· 138
- 知识小结 ··· 143
- 能力提升 ··· 143

参考文献 ··· 146

模块 1

函 数

1.1 函数的定义与性质
1.2 数据拟合
1.3 经济函数
1.4 常见初等函数与复合函数

案例 1　打车费用那点儿事

随着手机高德、滴滴、美团等软件的推广，人们的出行变得越来越方便实惠，以上三种软件的计费标准见表 1-1.

表 1-1　　　　　　　　　　　　打车计费标准　　　　　　　　　　　　单位：元

	高德	滴滴	美团
每公里	2	1.3	1.7
每分钟	0.4	0.3	0.35
优惠	50%	10	15

请列出以上三种打车软件资费的函数表达式，并讨论高峰期打车用哪种软件资费最为划算？

案例 1 分析

假设打车的距离为 x km，所用时长为 t min，以上三种打车软件的资费分别见表 1-2.

表 1-2　　　　　打车资费（二元函数）

	资费	优惠后资费
高德	$y=2x+0.4t$	$y=0.5(2x+0.4t)$
滴滴	$y=1.3x+0.3t$	$y=1.3x+0.3t-10$
美团	$y=1.7x+0.35t$	$y=1.7x+0.35t-15$

查阅资料可知，西安高峰期市区内平均车速约为每小时 30 km，则可计算出每行驶 1 km 用时 2 min，即可得出时间 t 与距离 x 之间的关系：$t=2x$，此时得出打车资费见表 1-3.

表 1-3　　　　　打车资费（一元函数）

	资费	优惠后资费
高德	$y=2.8x$	$y=1.4x$
滴滴	$y=1.9x$	$y=1.9x-10$
美团	$y=2.4x$	$y=2.4x-15$

若高德收费比滴滴高，则有 $1.4x-(1.9x-10)=10-0.5x\geqslant 0$ 成立，即当距离小于 20 km 时，用滴滴打车资费更为划算；

若滴滴收费比美团高，则有 $(1.9x-10)-(2.4x-15)=5-0.5x\geqslant 0$ 成立，即当距离小于 10 km 时，用美团打车资费更为划算.

表 1-4　　　　　　　　美团打车资费

	距离	时长	优惠
美团打车	1.8 元/公里	0.3 元/分钟	6 折

案例 2 PM$_{2.5}$ 指数

细颗粒物又称细粒、细颗粒、PM$_{2.5}$. 细颗粒物指环境空气中空气动力学当量直径小于等于 2.5 μm 的颗粒物. 它能较长时间悬浮于空气中，其在空气中含量浓度越高，就代表空气污染越严重. 虽然 PM$_{2.5}$ 只是地球大气成分中含量很少的组分，但它对空气质量和能见度等有重要的影响. 与直径较粗的大气颗粒物相比较，PM$_{2.5}$ 粒径小，面积大，活性强，易附带有毒、有害物质（例如，重金属、微生物等），且在大气中的停留时间长、输送距离远，因而对人体健康和大气环境质量的影响更大. 我们常用的手机 app 墨迹天气就能实时显示所在地区的 PM$_{2.5}$ 指数，如图 1-1 所示，可见实时空气质量良，PM$_{2.5}$ 指数为 93.

图 1-1 PM$_{2.5}$ 指数

现有西安市某一天的 PM$_{2.5}$ 数据，见表 1-5.

表 1-5 西安市某一天的 PM$_{2.5}$ 指数

时间	0	2	4	6	8	10	12	14	16	18	20	22
PM$_{2.5}$	80	84	87	91	95	101	90	85	80	88	90	91

案例 2 分析

观察上表可知，一天内空气 PM$_{2.5}$ 指数随时间的变化而变化，一般在清晨及傍晚指数较高，午后、凌晨略有下降.

案例 3 飞机机翼横断面绘制

C919 飞机，是中国按照国际民航规章自行研制、具有自主知识产权的大型喷气式民用飞机，座级 158～168 座，航程 4 075～5 555 km. 2023 年 5 月 28 日，国产大飞机 C919 迎来商业首飞. 表 1-6 给出的 x，y 数据是某飞机机翼横断面的轮廓线，y_1 和 y_2 分别对应轮廓线的上下线. 假设需要得到 x 坐标每改变 0.1 时的 y_1 和 y_2 坐标，试完成加工所需数据，画出曲线，并求出机翼轮廓线的函数方程，及加工横断面的面积.

表 1-6 机翼横断面轮廓线数据

x_0	0	0.03	0.18	0.31	0.90	1.5	3.3	4.4	7.3	10.1	17.1	20.0
y_1	0	0.5	1.5	2.0	3.3	4.1	5.3	5.6	5.7	5.1	1.8	0
y_2	0	−0.5	−1.5	−2.0	−3.3	−4.1	−5.3	−5.6	−5.7	−5.1	−1.8	0

案例 3 分析

根据工艺要求,待加工的部件外形是由一组数据 (x,y) 给出,用数控机床加工时刀具必须沿这些数据点前进.并且,由于刀具每次只能沿着 x 方向或者 y 方向移动非常小的一步,所以需要将已知的数据进行加密,得到加工所要求步长很小的 (x,y) 坐标,这就需要对上表中的数值做插值计算.

为了得到加工所需要的数据,需要计算机翼横断面的轮廓插值点的值,还要设法保证连接点处的光滑性.不妨利用分段线性插值和三次样条插值方法计算,再用多项式函数拟合出机翼的函数,用 MATLAB 编程如下:

```
x0 = [0  0.03  0.18  0.31  0.90  1.5  3.3  4.4  7.3  10.1  17.1  20.0]
Y1 = [0  0.5  1.5  2.0  3.3  4.1  5.3  5.6  5.7  5.1  1.8  0]
Y2 = [0  -0.5  -1.5  -2.0  -3.3  -4.1  -5.3  -5.6  -5.7  -5.1  -1.8  0]
x = 1 : 0.1 : 20;
y1 = spline(x0, Y1, x)
y2 = spline(x0, Y2, x)
[x,' y1',' y2']
a = polyfit(x, y1, 3)
b = polyfit(x, y2, 3)
```

通过拟合得出机翼横断面轮廓线的函数为

$$y_1 = 0.016 - 0.085\,3x + 0.901\,0x^2 + 3.068\,9x^3$$
$$y_2 = -0.016 + 0.085\,3x - 0.901\,0x^2 - 3.068\,9x^3$$

最终绘制出的图象如图 1-2 所示.

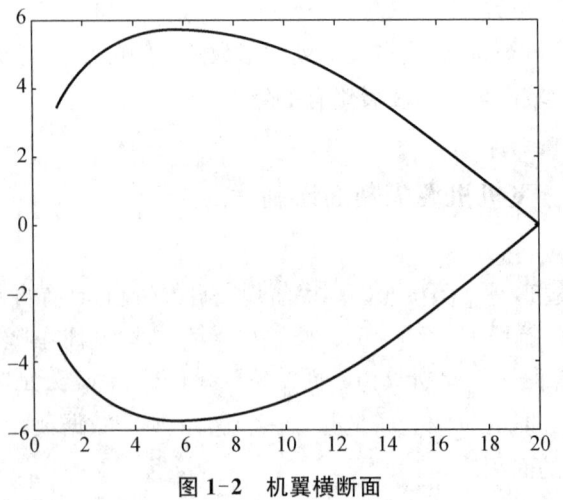

图 1-2 机翼横断面

拓展问题

请同学们在学习完定积分后,计算出机翼横断面的面积.

1.1 函数的定义与性质

1.1.1 函数的概念

1. 函数的定义

定义 1 设 D 是一个非空数集,如果有一个对应法则 f,使得对于每一个 $x \in D$,都有唯一确定的数值 y 与之对应,那么 y 就叫作定义在数集 D 上的 x 的函数,记作 $y = f(x)$,x 叫作函数的自变量,y 叫作因变量,数集 D 叫作函数的定义域,函数 y 的取值范围 Z 叫作函数的值域.

2. 函数的定义域

在实际问题中,函数的定义域是由自变量所表示的实际意义确定的,如案例 1 的定义域为 $[0, +\infty)$;案例 2 的定义域为 $[0, 24]$;案例 3 的定义域为 $[0, 20]$. 如果不考虑所讨论的函数的实际背景,那么其定义域应是使得函数解析式有意义的全体自变量的集合. 求解析式表示的函数的定义域,有以下常用原则:

(1) 分式的分母不能为零;
(2) 偶次根式下的量大于或等于零;
(3) 对数式中真数大于零;
(4) 三角函数和反三角函数中,要符合它们的定义域;
(5) 在含有多种式子的函数中,应取各部分定义域的交集;
(6) 分段函数的定义域,应取各段定义区间的并集.

例 1 讨论 $y = |x|$ 与 $y = \sqrt{x^2}$ 是否相同.

解 以上两函数定义域都是 $\mathbf{R}$,$y = \sqrt{x^2}$ 可化简为 $y = \sqrt{x^2} = |x|$,这时两个函数的对应法则也相同,因此这两个函数是同一个函数.

例 2 求下列函数的定义域:

(1) $y = \sqrt{4-x} + \dfrac{3}{x-1}$; (2) $y = \ln(x+1) + \dfrac{1}{\sqrt{2-x}}$.

解 (1) 要使函数 $y = \sqrt{4-x} + \dfrac{3}{x-1}$ 有意义,必须有 $\begin{cases} 4-x \geqslant 0, \\ x-1 \neq 0. \end{cases}$ 解得函数的定义域为 $(-\infty, 1) \cup (1, 4]$.

(2) 要使函数 $y = \ln(x+1) + \dfrac{1}{\sqrt{2-x}}$ 有意义,必须有 $\begin{cases} x+1 > 0, \\ 2-x > 0. \end{cases}$ 解得函数的定义域为 $(-1, 2)$.

例 3 求函数 $f(x) = x^2 - 2x + 3$ 在 $x = 2$, $x = t$, $x = x_0$, $x = x_0 + \Delta x$ 各点的函数值.

解 $f(2) = 2^2 - 2 \times 2 + 3 = 3$,
$f(t) = t^2 - 2t + 3$,
$f(x_0) = x_0^2 - 2x_0 + 3$,
$f(x_0 + \Delta x) = (x_0 + \Delta x)^2 - 2(x_0 + \Delta x) + 3$.

函数的定义及性质

注意

函数符号 $y = f(x)$,只表示"y 是 x 的函数"这件事,f 表示自变量 x 通过 f 对应成 y,$f(x)$ 不是 f 与 x 相乘. 如 $y = f(x) = x^2 + 2x + 1$,那么 f 就代表运算式

$(\ )^2 + 2(\ ) + 1.$

括号内是自变量 x 的位置,运算的结果得到函数(因变量 y)的值.

$f(0)$ 表示自变量 $x = 0$ 时所对应的函数值,即 $f(0) = 1$.

$f(x)$ 又表示自变量取任意值时所对应的函数值也是任意的.

注意

定义域、值域及对应法则构成函数的三要素,若构成函数的对应法则和定义域相同,则两个函数相同.

3. 函数的表示方法

函数的表示方法通常有三种：表格法、图象法和解析法.

表格法：在实际应用（尤其是数值计算）中常把一系列自变量值及其相对应的函数值用表格列出，这种表示函数关系的方法称为表格法. 例如，开篇中的案例 2.

图象法：函数的图象法表示，就是直角坐标 x 和 y 满足函数关系式的点的轨迹. 例如，开篇中的案例 3.

解析法：用数学式子来表示因变量与自变量的对应关系，这种表示函数的方法称为解析法（或公式法）. 例如，开篇中的案例 1 及案例 3.

4. 反函数

在研究函数的同时，有时函数和自变量的地位会相互转换，于是就出现了反函数的概念.

例如，物体作匀速直线运动的位移 s 是时间 t 的函数，即

$$s = vt.$$

其中速度 v 是常量. 反过来，也可以由位移 s 和速度 v（常量）确定物体作匀速直线运动的时间，即

$$t = \frac{s}{v}.$$

这时，位移 s 是自变量，时间 t 是位移 s 的函数.

在这种情况下，我们就说 $t = \dfrac{s}{v}$ 是函数 $s = vt$ 的反函数.

习惯上，常用 x 表示自变量，y 表示函数，故常把 $y = f(x)$ 的反函数记为 $y = f^{-1}(x)$. 若把函数 $y = f(x)$ 与其反函数 $y = f^{-1}(x)$ 的图形画在同一个平面直角坐标系内，则这两个图形关于直线 $y = x$ 对称.

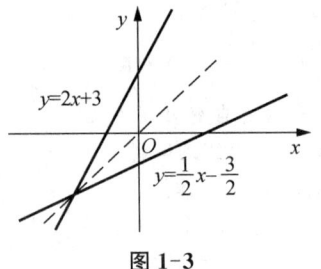

图 1-3

例 4 函数 $x = \dfrac{1}{2}y - \dfrac{3}{2}$ 是 $y = 2x + 3$ 的反函数. 将函数改 y，自变量改为 x，则函数 $y = 2x + 3$ 的反函数为 $y = \dfrac{1}{2}x - \dfrac{3}{2}$，如图 1-3 所示.

1.1.2 函数的性质

1. 奇偶性

如果函数 $y = f(x)$ 的定义域 D 关于原点对称，且对于任意的 $x \in D$，都有 $f(-x) = f(x)$，则称 $y = f(x)$ 是偶函数；如果函数 $y = f(x)$ 的定义域 D 关于原点对称，且对于任意的 $x \in D$，都有 $f(-x) = -f(x)$，则称 $y = f(x)$ 是奇函数.

函数 $f(x) = x^2$ 有这样的特点：$f(-x) = f(x)$，在 $(-\infty, +\infty)$ 上图形关于 y 轴对称，类似地，函数 $y = x^4$，$y = \cos x$ 等都具有这样的特点.

函数 $f(x) = x^3$ 有这样的特点：$f(-x) = -f(x)$，在 $(-\infty, +\infty)$ 上图形关于原点 O 中心对称，类似地，函数 $y = \sin x$，$y = \dfrac{1}{x}$ 等都具有这样的特点.

类似于函数 $y = \ln x$，$y = e^x$ 等既不是奇函数也不是偶函数，则称此类函数为非奇非偶函数.

2. 单调性

观察以下两图可知，图 1-5 沿 x 轴正向是逐渐上升的；图 1-4 是沿 x 轴正向是逐渐下降的.

对于函数 $y=f(x)$，如果当任意的 $x_1, x_2 \in (a,b)$ 且 $x_1 < x_2$ 时，恒有 $f(x_1) < f(x_2)$ 成立，则称函数 $f(x)$ 在区间 (a,b) 内是单调递增的，区间 (a,b) 叫作函数 $f(x)$ 的单调递增区间；对于函数 $y=f(x)$，如果当任意的 $x_1, x_2 \in (a,b)$ 且 $x_1 < x_2$ 时，恒有 $f(x_1) > f(x_2)$ 成立，则称函数 $f(x)$ 在区间 (a,b) 内是单调递减的，区间 (a,b) 叫作函数 $f(x)$ 的单调递减区间.

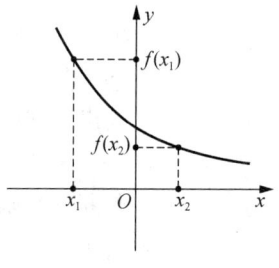

图 1-4

例如，幂函数 $y = x^2$ 在 $(-\infty, 0)$ 内是单调递减的，在 $(0, +\infty)$ 内是单调递增的，但在其定义域 $(-\infty, +\infty)$ 内不是单调函数.

3. 周期性

我们在中学时已知道 $y=\sin x$，$y=\cos x$ 及 $y=\tan x$ 都是周期函数. 一般地，对于函数 $y=f(x)$，定义域为 D，如果存在一个非零常数 T，使得对于任一 $x \in D$，$x+T \in D$ 恒有

$$f(x+T) = f(x).$$

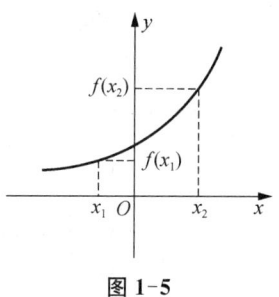

图 1-5

成立，则称 $y=f(x)$ 是周期函数，T 为该函数的周期.

显然，如果 T 是 $y=f(x)$ 的周期，则 nT（n 是整数）均为其周期（图 1-6）. 一般提到的周期均指最小正周期.

我们常见的三角函数 $y=\sin x$，$y=\cos x$ 都是以 2π 为最小正周期的周期函数，$y=\tan x$ 是以 π 为最小正周期的周期函数.

4. 有界性

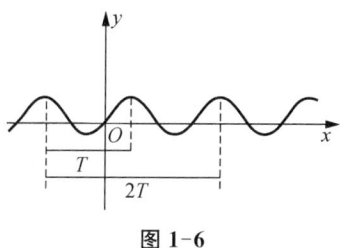

图 1-6

定义 2 设函数 $y=f(x)$ 在区间 D 内有定义，如果存在一个正数 M，使得对于任意 $x \in D$ 恒有

$$|f(x)| \leqslant M.$$

成立，则称 $y=f(x)$ 在区间 D 内有界；如果不存在这样的常数 M，则称 $y=f(x)$ 在区间 D 内无界.

例如，函数 $y=\sin x$，存在正数 $M=1$，使得对于任意的 $x \in \mathbf{R}$，均有 $|\sin x| \leqslant 1$，所以函数 $y=\sin x$ 在其定义域 $\mathbf{R}$ 内是有界的.

从图形上来看，函数的有界性是指该函数在所给的区间上的图形介于两条水平直线 $y=M$ 和 $y=-M$ 之间（图 1-7）.

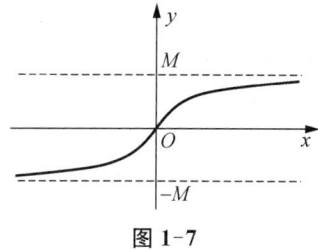

图 1-7

课后提升

1. 求下列函数的定义域.

   (1) $y = \ln(x+1)$；　　　　　(2) $y = \dfrac{1}{x-1} + \sqrt{x+2}$.

2. 已知函数 $f(x) = 2 - x^2$，求 $f(0)$，$f(-1)$，$f(1+x)$，$\dfrac{f(x+h)-f(x)}{h}$.

3. 求下列函数的反函数.

(1) $y = 2x - 3$;   (2) $y = e^{x+1}$.

4. 指出下列函数的奇偶性.

(1) $y = 3x^4 + 5x^2 - 1$;   (2) $y = x\cos x$.

5. 判断下列函数的单调性.

(1) $y = \ln(x - 1)$;   (2) $y = e^{x+2}$.

答 案

1. (1) $x \in (-1, +\infty)$;   (2) $x \in [-2, 1) \cup (1, +\infty)$.

2. $2, 1, 1 - 2x - x^2, -2x - h$.

3. (1) $y = \dfrac{x+3}{2}$;   (2) $y = -1 + \ln x \ (x > 0)$.

4. (1) 偶函数;   (2) 奇函数.

5. (1) $x \in (1, +\infty)$ 为单调递增函数;   (2) $x \in (-\infty, +\infty)$ 为单调递增函数.

1.2 数据拟合

1.2.1 用 MATLAB 求解插值问题

在 MATLAB 的一维插值函数 interp1(…)中,提供了四种插值方法供选择:线性插值、三次样条插值、立方插值和最邻近插值. 其调用格式为

$$y_i = \text{interp1}(x, y, x_i, \text{'method'})$$

其中,x,y 作为观测数据点,x_i 为插值(自变量)向量,y_i 为 x_i 点的函数值.'method'表示采用插值的方法,共有四个选项:

'nearest'——最邻近插值

'linear'——线性插值

'spline'——三次样条插值

'cubic'——立方插值

注意

所有的插值方法都要求 x 是单调的,并且 x_i 不能够超过 x 的范围.

1.2.2 用 MATLAB 做曲线拟合问题

在实际问题中,如果已知函数的有限个数据点,并且实际需求一个近似函数,但不要求过所有的数据点,只要求在某意义下,近似函数与这些数据点接近,即在这些数据点上的总偏差最小,此类问题就是数据拟合问题. 现提供在 MATLAB 中的程序,多项式拟合函数:

$$a = \text{polyfit}(x0, y0, m)$$

其中,输入参数 $x0$,$y0$ 为要拟合的数据向量,m 为拟合多项式的次数,输出参数 a 为拟合多项式 $y = a_0 + a_1 x + \cdots + a_m x^m$ 的系数 $(a_0, a_1, \cdots, a_m)$. 多项式在 x 处的值 y 可以用函数 $y = \text{polyval}(a, x)$ 计算. 在拟合函数时,有时给出有效数值较少,此时,我们则需要先插值,保证各点的光滑性,再拟合.

例1 用切削机床进行金属零件加工时,为了适当地调整机床,需要测定刀具的磨损速度. 在一定的时间测量刀具的厚度,数据见表 1-7.

表 1-7 刀具厚度—切削时间

切削时间 t/h	0	1	2	3	4	5	6	7	8
刀具厚度 y/cm	30.0	29.1	28.4	28.1	28.0	27.7	27.5	27.2	27.0
切削时间 t/h	9	10	11	12	13	14	15	16	
刀具厚度 y/cm	26.8	26.5	26.3	26.1	25.7	25.3	24.8	24.0	

解 在命令窗口输入：

```
t = [0: 1: 16]
y = [30.0 29.1 28.4 28.1 28.0 27.7 27.5 27.2 27.0 26.8 26.5 26.3 26.1 25.7 25.3 24.8 24.0]
plot(t, y,'*')
a = polyfit(t, y, 1)
a = -0.301 2   29.380 4
hold on
plot(t, y1), hold off
```

运行得结果如下

y1 = -0.301 2 * t + 29.380 4

运行得数据拟合函数图象如图 1-8 所示.

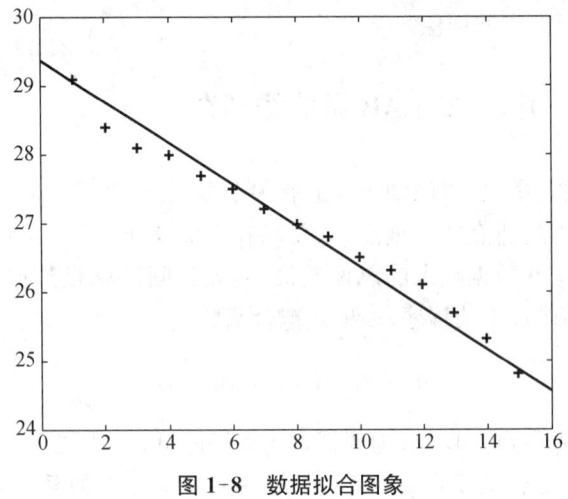

图 1-8 数据拟合图象

案例 4 地铁列车进站停车的奥秘

地铁列车进站停车时，为何车厢门总能与安全门相对应？我们可以简单地解读为地铁列车进站停车时只要能精准控制停车距离即可做到车厢门与安全门准确对应，那又如何能精准控制停车距离呢？众所周知，距离由时间与速度决定，若我们可以精确描述速度—时间函数即可精确得出停车距离. 但地铁列车进站停车是变速直线运动，我们如何得出速度—时间函数？

案例 4 分析

选取西安地铁三号线新筑站—双寨站为测量对象（此路段在地上部分可用手机导航软件精确测量速度），采用手机上的导航软件实测地铁实时速度. 地铁从刚进站到停止时用时 16 s，对截屏上的速度—时间数据作整理，截屏 9 次，总共用时 16 s，用 16 除以 9 得到每次截屏的时间间隔为 1.778 s，整理后的速度—时间数据见表 1-8，只要拟合出速度—时间函数，即可计算地铁进站的距离（在学习完定积分模块后即可精确计算出，本案例计算出最终结果为 129 m，与地铁站台全长 130 m 基本相符，揭示地铁进站停靠时，车厢门与安全门准确对应的奥秘）.

表 1-8　　　　　　　　　　　　　　地铁站停车速度—时间

v	36	34	28	24	22	18
t	0	1.778	3.556	5.334	7.112	8.89
v	11	8	5	0	—	—
t	10.668	12.446	14.224	16	—	—

根据数据拟合速度—时间之间的函数关系式,用 MATLAB 软件输入拟合程序,如下,得到速度—时间函数图象(图 1-9).

$t = [0:1.778:9*1.778]$;
$v = [36,34,28,24,22,18,11,8,5,0]$;
$a = polyfit(t, v, 3)$
$z = polyval(a, t)$
$plot(t, v, '.', t, z, 'r')$
$a =$
　　0.001 6　－0.045 7　－1.922 9　36.334 3

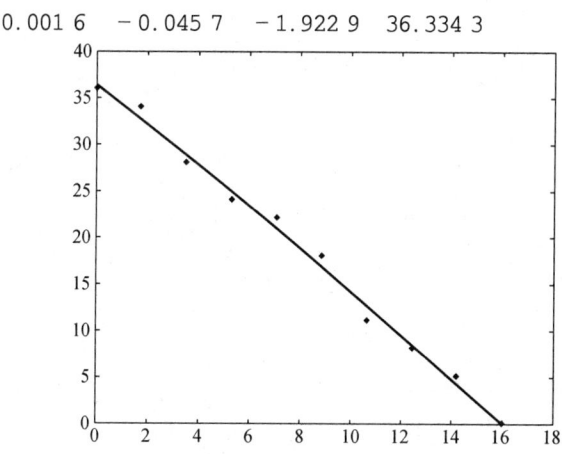

图 1-9　速度—时间函数图象

综上,拟合出速度—时间函数为：
$$v = 0.001\,6 - 0.045\,7t - 1.922\,9t^2 + 36.334\,3t^3$$

综上所述,函数不是凭空而来的,已知数据是可以通过数学软件等手段得出精确的函数解析式的. 实际生活中处处是函数.

课后提升

1. 用电压 $V = 10$ V 的电池给电容器充电,电容器上 t 时刻的电压为 $v(t) = V - (V - V_0)\exp(-t/\tau)$,其中 V_0 是电容器的初始电压,τ 是充电常数. 试由下面一组 t,V 数据见表 1-9,确定 V_0, τ.

表 1-9　　　　　　　　　　　　　　充电电压—时间

时间	0.5	1	2	3	4	5	7	9
电压	6.36	6.48	7.26	8.22	8.66	8.99	9.43	9.63

2. 一座关键的桥梁在交通管理中起着重要的作用,维护和保障桥梁的安全是保证道路通畅的关键.交通管理部门为了掌握这座桥梁的通行情况,在桥梁的每一端每间隔一段不等的时间连续记录 1 min 内通过桥梁的车辆数,连续观察一天 24 h 的通过车辆数据见表 1-10.试建模分析这一天时间与车辆数的函数关系,在学习完定积分后,请估计这一天中总共有多少车辆通过这座桥梁.

表 1-10　　　　　　　　车辆数量—时间

时间	0:00	2:00	4:00	5:00	6:00	7:00	8:00	9:00	10:30	11:30	12:30
车辆数	2	2	0	2	5	8	25	12	5	10	12
时间	14:00	16:00	17:00	18:00	19:00	20:00	21:00	22:00	23:00	24:00	
车辆数	7	9	28	22	10	9	11	8	9	3	

答　案

略.

1.3 经济函数

1.3.1 成本函数、收入函数和利润函数

1. 成本函数

定义 1 总成本函数是指在一定时期内,生产产品时所消耗的生产费用之总和.常用 C 表示,可以看作是产量 x 的函数,记作

$$C = C(x).$$

总成本包括固定成本和可变成本两部分,其中固定成本 F 指在一定时期内不随产量变动而支出的费用,如厂房、设备的固定费用和管理费用等;可变成本 V 是指随产品产量变动而变动的支出费用,如税收、原材料、电力燃料等.

固定成本和可变成本是相对于某一过程而言的.在短期生产中,固定成本是不变的,可变成本是产量 x 的函数,所以 $C(x) = F + V(x)$,在长期生产中,支出都是可变成本,此时 $F = 0$.实际应用中,产量 x 为正数,所以总成本函数是产量 x 的单调增加函数,常用以下初等函数来表示:

线性函数 $\quad C = a + bx$,其中 $b > 0$ 为常数.
二次函数 $\quad C = a + bx + cx^2$,其中 $c > 0, b < 0$ 为常数.
指数函数 $\quad C = be^{ax}$,其中 $a, b > 0$ 为常数.

平均成本:每个单位产品的成本,即 $\overline{C} = \dfrac{C(x)}{x}$.

2. 收入函数

定义 2 总收益函数是指生产者出售一定产品数量 x 所得到的全部收入,常用 R 表示,即

$$R = R(x).$$

其中,x 为销售量.显然,$R\big|_{Q=0} = R(0) = 0$,即未出售商品时,总收益为 0.

若已知需求函数 $Q = Q(p)$,则总收益为 $R = R(Q) = p \cdot Q = Q^{-1}(p) \cdot Q$.

平均收益:$\overline{R} = \dfrac{R(x)}{x}$,若单位产品的销售价格为 p,则 $R = p \cdot x$,且 $\overline{R} = p$.

3. 利润函数

定义 3 总利润函数是指生产中获得的纯收入,为总收益与总成本之差,常用 L 表示,即

$$L(x) = R(x) - C(x).$$

例1 某工厂生产某产品,每日最多生产100个单位.日固定成本为130元,生产每一个单位产品的可变成本为6元,求该厂每日的总成本函数及平均单位成本函数.

解 设每日的总成本函数为 C 及平均单位成本函数为 $\overline{C}$,因为总成本为固定成本与可变成本之和,据题意有

$$C = C(x) = 130 + 6x, \quad (0 \leqslant x \leqslant 100).$$

$$\overline{C} = \overline{C}(x) = \frac{130}{x} + 6, \quad (0 < x \leqslant 100).$$

例2 设某商店以每件 a 元的价格出售商品,若顾客一次购买50件以上,则超出部分每件优惠10%,试将一次成交的销售收入 R 表示为销售量 x 的函数.

解 由题意,一次售出50件以内的收入为 $R = ax$ 元,而售出50件以上收入为

$$R = 50a + (x - 50)a \times 90\%,$$

所以一次成交的销售收入 R 是销售量 x 的分段函数,

$$R = \begin{cases} ax, & (0 \leqslant x \leqslant 50), \\ 50a + 0.9a(x - 50), & (x > 50). \end{cases}$$

1.3.2 需求函数与供给函数

1. 需求函数

需求量指的是在一定时间内,消费者对某商品愿意而且有支付能力购买的商品数量.

经济活动的主要目的是在于满足人们的需求,经济理论的主要任务之一就是分析消费及由此产生的需求.但需求量不等于实际购买量,消费者对商品的需求受多种因素影响,例如,季节、收入、人口分布、价格等.其中影响的主要因素是商品的价格,所以,我们经常将需求量 Q_d 看作价格 p 的函数,记为

$$Q_d = Q_d(p).$$

通常假设需求函数是单调减少的,需求函数的反函数 $p = Q^{-1}(p), Q \geqslant 0$. 在经济学中也称为价格函数. 一般说来,降价使需求量增加,价格上涨需求量会减少,即需求函数是价格 p 的单调减少函数. 常用以下简单的初等函数来表示:

线性函数 $Q_d = -ap + b$,其中 $a, b > 0$ 为常数.

指数函数 $Q_d = ae^{-bp}$,其中 $a, b > 0$ 为常数.

幂函数 $Q_d = bp^{-a}$,其中 $a, b > 0$ 为常数.

例3 某商品的需求函数是线性函数 $Q = -ap + b$,其中 $a, b > 0$ 为常数,求 $p = 0$ 时的需求量和 $Q = 0$ 时的价格.

解 当 $p = 0$ 时,$Q = b$,表示价格为零时,消费者对某商品的需求量为 b,这也是市场对该商品的饱和需求量. 当 $Q = 0$ 时,$p = \dfrac{b}{a}$ 为最大销售价格,表示价格上涨到 $\dfrac{b}{a}$ 时,无人愿意购买该产品.

2. 供给函数

供给量是指在一定时期内生产者愿意生产并可向市场提供出售的商品量,供给价格是指生产者为提供一定量商品愿意接受的价格,将供给量 Q_s 也看作价格 p 的函数,记为

$$Q_s = Q_s(p).$$

一般说来,价格上涨刺激生产者向市场提供更多的商品,使供给量增加,价格下跌使供给量减少,即供给函数是价格 p 的单调增加函数.常用以下简单的初等函数来表示:

线性函数　　$Q_s = ap + b$,其中 $a > 0$ 为常数.

指数函数　　$Q_s = ae^{bp}$,其中 $a, b > 0$ 为常数,供给量也受多种因素影响.

幂函数　　$Q_s = bp^a$,其中 $a, b > 0$ 为常数.

当市场上需求量 Q_d 与供给量 Q_s 一致时,即 $Q_d = Q_s$,商品的数量称为均衡数量,记为 Q_e,商品的价格称为均衡价格,记为 p_e.例如,由线性需求和供给函数构成的市场均衡模型可以写成

$$\begin{cases} Q_d = a - bP, & (a > 0, b > 0), \\ Q_s = -c + dP, & (c > 0, d > 0), \\ Q_d = Q_s. \end{cases}$$

解方程,可得均衡价格 p_e 和均衡数量 Q_e:

$$p_e = \frac{a+c}{b+d} \quad Q_e = \frac{ad-bc}{b+d}.$$

由于 $Q_e > 0, b + d > 0$,因此有 $ad > bc$.

当市场价格高于 p_e 时,需求量减少而供给量增加,反之,当市场价格低于 p_e 时,需求量增加而供给量减少.市场价格的调节就是利用供需均衡来实现的.

经济学中常见的还有生产函数(生产中的投入与产出关系)、消费函数(国民消费总额与国民生产总值即国民收入之间的关系)、投资函数(投资与银行利率之间的关系)等.

例 4　已知某商品的需求函数和供给函数分别为

$$Q_d = 14 - 1.5p, \quad Q_s = -5 + 4p.$$

求该商品的均衡价格.

解　由均衡条件 $Q_d = Q_s$ 可知

$$14 - 1.5p = -5 + 4p,$$
$$19 = 5.5p.$$

所以均衡价格为 $p_e = 3.45$.

例 5　已知某产品的价格为 p 元,需求函数为 $Q = 50 - 5p$,成本函数为 $C = 50 + 2Q$ 元,求产量 Q 为多少时利润 L 最大? 最大利润是多少?

解　因为需求函数为 $Q = 50 - 5p$, $p = 10 - \dfrac{Q}{5}$,所以收入函数为

$$R = p \cdot Q = 10Q - \frac{Q^2}{5}.$$

利润函数为

$$L = R - C = 8Q - \frac{Q^2}{5} - 50$$
$$= -\frac{1}{5}(Q-20)^2 + 30.$$

因此，$Q=20$ 时利润最大，且最大利润是 30 元.

课后提升

1. 已知市场均衡模型，求均衡价格 p_e 和均衡数量 Q_e，并画出图形.

(1) $\begin{cases} Q_d = Q_s, \\ Q_d = 17 - 2p, \\ Q_s = -8 + 3p; \end{cases}$
(2) $\begin{cases} Q_d = Q_s, \\ Q_d = 15 - 6p, \\ Q_s = -5 + 2p^2. \end{cases}$

2. 生产某产品，年产量不超过 500 台时，每台售价 200 元，可以全部售出；当年产量超过 500 台时，经广告宣传后又可再售出 200 台，每台平均广告费 20 元；生产再多，本年就售不出去，试将本年的销售收益为 R 年产量 Q 的函数.

答　案

1. (1) $p_e = 5$，$Q_e = 7$；　(2) $p_e = 2$，$Q_e = 3$.

2. $R = \begin{cases} 200Q, & 0 \leqslant Q \leqslant 500, \\ 200 \times 500 + 180(Q-200), & 500 < Q \leqslant 700, \\ 200 \times 500 + 180 \times 200, & Q > 700. \end{cases}$

1.4 常见初等函数与复合函数

1.4.1 基本初等函数

定义 1 基本初等函数是指最常见、最基本的一类函数. 基本初等函数包括以下六类:常数函数、幂函数、指数函数、对数函数、三角函数、反三角函数.

1. 常数函数 $y=C$（C 为常数）

常数函数的定义域为 $(-\infty,+\infty)$，无论 x 取何值，y 的值均为常数 C. 它的图象是一条过点 $(0,C)$ 且平行于 x 轴的直线,如图 1-10 所示.

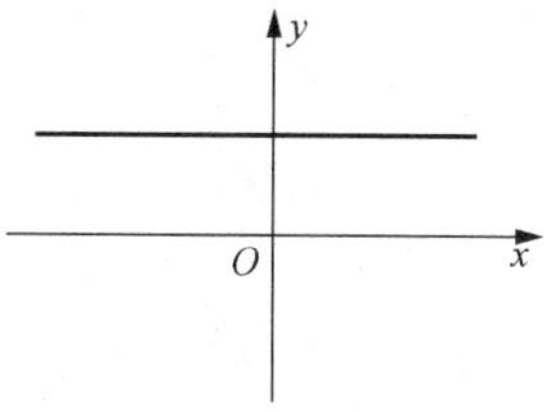

例如 $y=1$，$y=\pi$，$y=e$，$y=\sin\pi$，$y=e^2$ 等均为常数函数.

图 1-10

2. 幂函数 $y=x^{\alpha}$（α 为实数）

幂函数的定义域随 α 而异，函数总是经过定点 $(1,1)$. 常见的幂函数有 $y=\dfrac{1}{x}$，$y=x$，$y=x^2$，$y=x^3$，$y=\sqrt{x}$ 等.

3. 指数函数 $y=a^x$（$a>0$，$a\neq 1$，a 为实数）

函数的定义域为 $(-\infty,+\infty)$，值域为 $(0,+\infty)$. 图象总是经过定点 $(0,1)$.

当 $a>1$ 时,函数单调递增,如图 1-11 所示.

当 $0<a<1$ 时,函数单调递减,如图 1-12 所示.

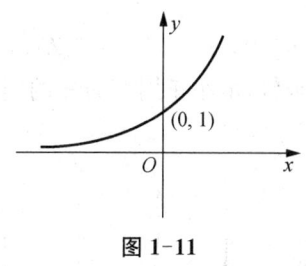

图 1-11

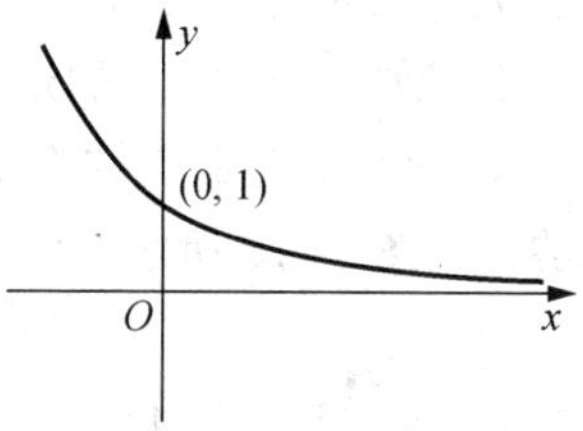

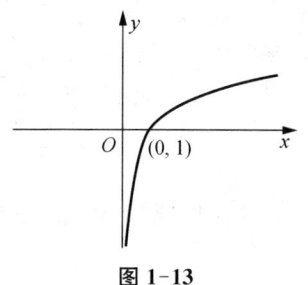

图 1-12

4. 对数函数 $y=\log_a x$（$a>0$，$a\neq 1$，a 为实数）

函数的定义域为 $(0,+\infty)$，值域为 $(-\infty,+\infty)$. 图象总是经过定点 $(1,0)$.

当 $a>1$ 时,函数单调递增,如图 1-13 所示.

当 $0<a<1$ 时,函数单调递减,如图 1-14 所示.

图 1-13

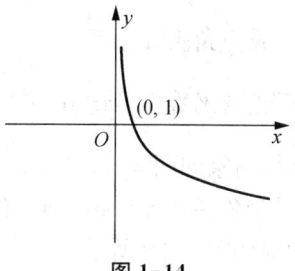

图 1-14

5. 三角函数

正弦函数：$y=\sin x$ 的定义域为 $(-\infty,+\infty)$，值域为 $[-1,1]$，是奇函数，最小正周期为 2π 的周期函数，有界. 如图 1-15 所示.

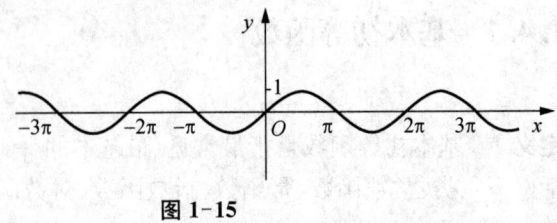

图 1-15

余弦函数：$y=\cos x$ 的定义域为 $(-\infty,+\infty)$，值域为 $[-1,1]$，是偶函数，最小正周期为 2π 的周期函数，有界. 如图 1-16 所示.

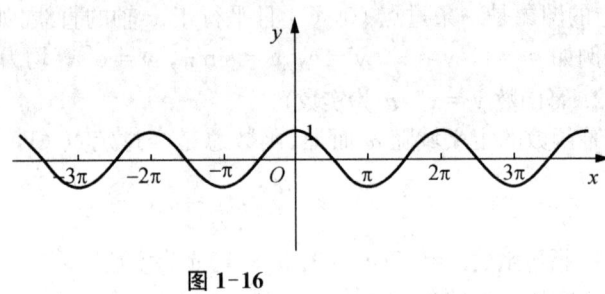

图 1-16

正切函数：$y=\tan x$ 的定义域为 $\{x \mid x \in \mathbf{R}, x \neq k\pi+\dfrac{\pi}{2}(k \in \mathbf{Z})\}$，值域为 $(-\infty,+\infty)$，在定义域内单调递增是奇函数，最小正周期为 π 的周期函数，无界. 如图 1-17 所示.

余切函数：$y=\cot x$ 的定义域为 $\{x \mid x \in \mathbf{R}, x \neq k\pi(k \in \mathbf{Z})\}$，值域为 $(-\infty,+\infty)$，在定义域内单调递减是奇函数，最小正周期为 π 的周期函数，无界. 如图 1-18 所示.

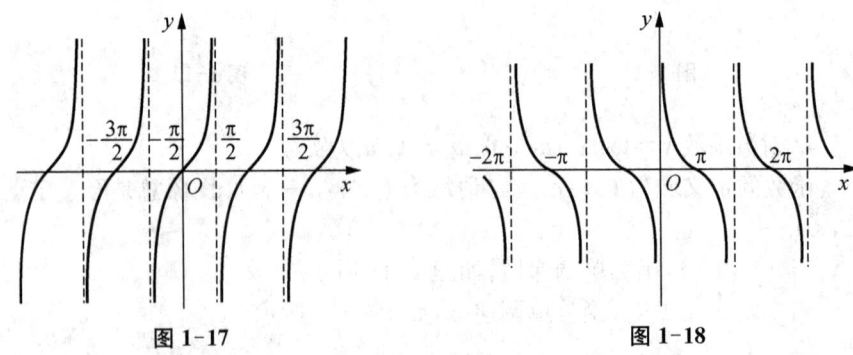

图 1-17　　　　　　　图 1-18

6. 反三角函数

反正弦函数 $y=\arcsin x$ 的定义域为 $[-1,1]$，值域为 $\left[-\dfrac{\pi}{2},\dfrac{\pi}{2}\right]$，单调递增，图象如图 1-19 所示.

反余弦函数 $y=\arccos x$ 的定义域为 $[-1,1]$，值域为 $[0,\pi]$，单调递减，图象如图 1-20 所示.

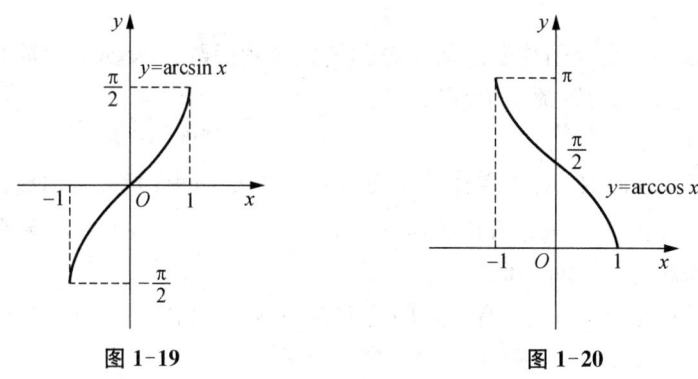

图 1-19　　　　　　　　　图 1-20

反正切函数：$y=\arctan x$ 的定义域为 $(-\infty,+\infty)$，值域为 $\left(-\dfrac{\pi}{2},\dfrac{\pi}{2}\right)$，单调递增，图象如图 1-21 所示.

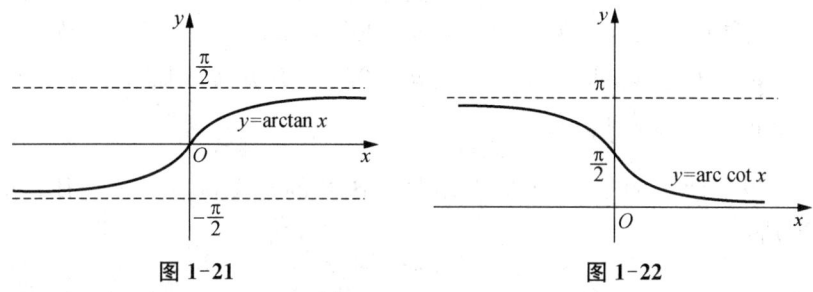

图 1-21　　　　　　　　　图 1-22

反余切函数：$y=\operatorname{arccot} x$ 的定义域为 $(-\infty,+\infty)$，值域为 $(0,\pi)$，单调递减，图象如图 1-22 所示.

> **定义 2**　基本初等函数和由基本初等函数的四则运算得到的函数统称为简单函数.
>
> 　　一次函数（$y=ax+b(a\neq 0)$）、二次函数（$y=ax^2+bx+c$ ($a\neq 0$)）都是由幂函数和常数函数的四则运算得到的. 类似的还有 $y=\mathrm{e}^x\sin x$，$y=5\cos x+\ln x$，$y=\dfrac{5x^3-\tan x}{\arcsin x+3^x}$，它们都是由基本初等函数的四则运算得到的.

1.4.2　复合函数

先引入一个例子，设 $y=3^u$，而 $u=\cos x$，用 $\cos x$ 去代替第一个式子中的 u，可以得到 $y=3^{\cos x}$. 由上述过程，我们可以认为函数 $y=3^{\cos x}$ 是由 $y=3^u$ 及 $u=\cos x$ 复合而成的函数，这样的函数就称作复合函数.

一般地，设 $y=f(u)$ 是 u 的函数，$u=\varphi(x)$ 是 x 的函数. 如果 $u=\varphi(x)$ 的值域与 $y=f(u)$ 的定义域的交集非空，则 y 通过中间变量 u 成为 x 的函数，我们把 y 称为 x 的复合函数，记作 $y=f[\varphi(x)]$. 这样的运算称为函数的复合运算. 其中 u 称为中间变量.

定义3 复合函数就是函数嵌套函数或者函数的函数. 即,简单函数中自变量 x 的位置被一个函数替代.

许多复合函数,都可看作几个简单函数经过中间变量复合而成. 例如,函数 $y=\ln\sin\sqrt{x}$ 可以看作是由 $y=\ln u$, $u=\sin v$ 及 $v=\sqrt{x}$ 复合而成. 其中 u 和 v 都是中间变量.

在研究复合函数时,有时我们的重点并不在"复合",而在于"分解". 即如何将一个较复杂的函数分解为几个简单函数.

例1 写出下列函数的复合过程与定义域.
(1) $y=\cos^2 x$; (2) $y=\log_3(x-2)$.

解 (1) 函数可以看作由两个函数: $y=u^2$ 和 $u=\cos x$ 复合而成.
由于对于任意的 x, 函数 y 都有意义, 因此它的定义域为 **R**.

(2) 函数可以看作由两个函数: $y=\log_3 u$ 和 $u=x-2$ 复合而成.
由于对于 $y=\log_3 u$, 只有当 $u>0$ 时才有意义, 即需 $x-2>0$, 所以它的定义域为 $(2,+\infty)$.

从以上两个例子中,可以看出复合函数的定义域有以下规律,如图 1-23 所示.

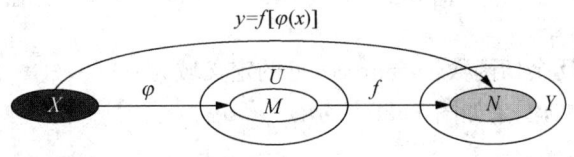

图 1-23 复合函数的定义域

> **注意**
>
> 并非任何两个函数都可以复合. 例如 $y=\sqrt{1-u^2}$, $u=x^2+2$ 由于 $u=x^2+2$ 的值域为 $[2,+\infty)$, 不符合 $y=\sqrt{1-u^2}$ 的定义域 $[-1,1]$ 的要求, 因此不能复合.

y 是 u 的函数, 用 f 来表示, 值域为 Y. u 是 x 的函数, 用 φ 来表示, 值域为 U. φ 的值域与函数 f 的定义域的交集为 M, 经过 u 作为媒介 y 就成为 x 的复合函数, 这个复合函数的定义域是 X 区域, φ 的值域就缩小成为区域 M, 相应的 y 的取值范围就缩小为区域 N.

1.4.3 初等函数

我们前面学习了六类基本初等函数,并学习基本初等函数的四则运算和函数的复合运算,现在在此基础上引入初等函数的概念.

定义4 由基本初等函数经过有限次四则运算和经过有限次复合运算所构成,并且能够用一个解析式来表示的函数,叫作初等函数.

我们在以后的学习中经常接触的主要是初等函数,不是初等函数的函数称为非初等函数.

例如, $y=(3x+\lg x)^2$, $y=\sqrt{x}+\ln(x+3)+1$, $y=\dfrac{1+\cos x}{\arctan x}$ 都是初等函数. 而 $y=\begin{cases} x, & x<0, \\ e^x, & x\geq 0 \end{cases}$ 是非初等函数, 因为它不能用一个解析式

表示.

函数的分类总结如下：

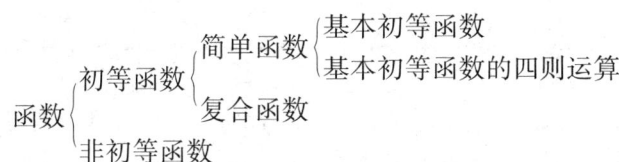

 课后提升

1. 指出下列函数的复合过程.

(1) $y = e^{-x}$；　　　　　　　　　(2) $y = \sqrt{5x+1}$；

(3) $y = \ln^2(1-x)$；　　　　　　(4) $y = \cos^2(3x-2)$；

(5) $y = (2x+1)^{-10}$；　　　　　(6) $y = \dfrac{1}{x+1}$；

(7) $y = \sin 2x$；　　　　　　　　(8) $y = e^{x^2}$.

答　案

1. (1) $y = e^u$，$u = -x$；　　　　　(2) $y = u^{\frac{1}{2}}$，$u = 5x+1$；

(3) $y = u^2$，$u = \ln v$，$v = 1-x$；(4) $y = u^2$，$u = \cos v$，$v = 3x-2$；

(5) $y = u^{-10}$，$u = 2x+1$；　　(6) $y = \dfrac{1}{u}$，$u = x+1$；

(7) $y = \sin u$，$u = 2x$；　　　　(8) $y = e^u$，$u = x^2$.

知识小结

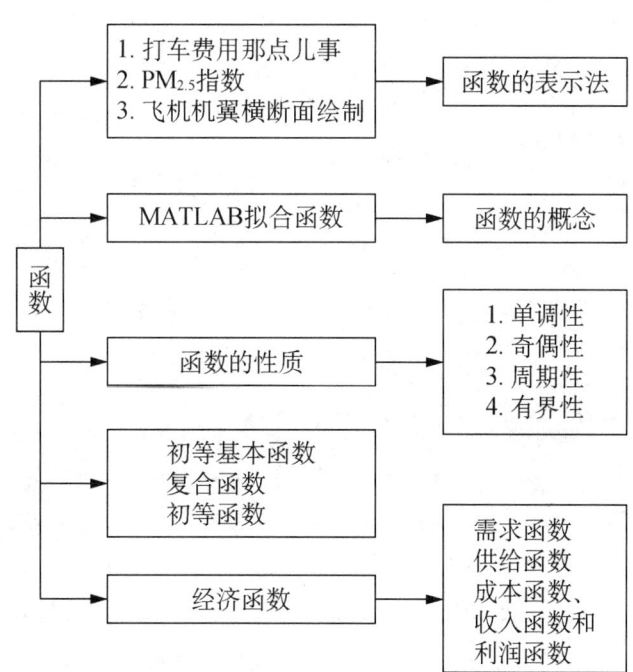

能力提升

1. 填空题

(1) 设 $f(x)=\dfrac{\ln(x^2+2x-3)}{\sqrt{x^2-4}}$，则 $f(x)$ 的定义域是 _____．

(2) 设 $f(x+1)=\dfrac{1}{x^2}$，则 $f(x)=$ _____．

(3) 复合函数 $y=\ln^2(5-x)$ 的分解过程为 _____．

(4) $y=\ln(x-1)$ 的反函数是 _____．

(5) $y=\sin\dfrac{x}{2}$ 的最小正周期是 _____．

2. 计算题

(1) 求下列函数的定义域．

① $y=\sqrt{x+3}$； ② $y=\ln(2-x)$； ③ $y=\sqrt{4-x^2}$．

(2) 设函数 $f(x)=x^2+2$，求 $f(0)$，$f(-2)$，$f(x_0+h)$，$\dfrac{f(x_0+h)-f(h)}{h}$．

(3) 设函数 $f(x)=\begin{cases}x^2-1, & -2<x\leqslant 1,\\ 3+x, & 1<x\leqslant 2.\end{cases}$，求 $f(x)$ 的定义域，及 $f(-1)$，$f(1)$，$f(2)$．

(4) 在半径为 R 的圆中，嵌入一个矩形．设矩形的一个边长为 a，试将矩形面积 s 表示成 a 的函数．

(5) 某商品的成本函数和收入函数分别为 $C=18-7q+q^2$，$R=4q$．

试求：① 该商品的利润函数 L；② 该商品销量 q 为 5 时的利润；③ 该商品销量为 10 时能否盈利？

答案

1. (1) $x\in(-\infty,-3)\cup(2,+\infty)$．

   (2) $\dfrac{1}{(x-1)^2}$．

   (3) $y=u^2$，$u=\ln v$，$v=5-x$．

   (4) $y=1+e^x$．

   (5) 4π．

2. (1) ① $[-3,+\infty)$； ② $(-\infty,2)$； ③ $[-2,2]$．

   (2) 2，6，$(x_0+h)^2+2$，$2x_0+h$．

   (3) $x\in(-2,2]$，0，0，5．

   (4) $s=a\sqrt{4R^2-a^2}$．

   (5) ① $L=-q^2+11q-18$； ② $L(5)=12$； ③ 亏损．

模块 2

极限与连续

2.1 极限的概念
2.2 极限的运算
2.3 无穷大量与无穷小量
2.4 函数的连续性

案例 1　芝诺悖论

"芝诺"是一个人名,古希腊时代的人物.一般教科书都不称他为哲学家,而称之为"诡辩论者"."芝诺悖论"有好几个,最著名的是"飞矢不动"和"阿基利斯追不上乌龟".

"飞矢不动"中的"矢"指的是弓箭中的箭.正常的射箭,任何人都知道,只要箭离了弦,就能飞出去,经过一段空间运动后,到达另一个位置.但芝诺却说,按照他的解释,射出去的箭是不动的,因此是不能够到达另一个位置的.他解释说,如果我们截取"飞矢"的每一个瞬间,它在空中都是"静止"的.既然每一个瞬间都是静止的,所有的瞬间加起来也应该是静止的,所以,"飞矢"是"不动"的.

"阿基利斯追不上乌龟"中的"阿基利斯"也是一个古希腊人物,也就是"特洛伊战争"中那个著名的希腊将领.传说中,阿基利斯武艺高强,而且奔跑速度极快,还得过古代奥林匹克运动会的桂冠.这个悖论有一个假设的前提,就是说,阿基利斯与乌龟赛跑,如果让乌龟先跑一步,阿基利斯就永远追不上乌龟.芝诺的解释是这样的.假设乌龟先跑出了 1 m,阿基利斯要追上乌龟,就必须先到达半米的地方.但是,当阿基利斯到达半米的时候,乌龟与阿基利斯的距离不是半米,而是半米再加一点,比方说是 0.6 m.如此推论循环下去,只要乌龟不停下脚步,阿基利斯便永远只能更接近乌龟,而不能追上或超过乌龟.

"芝诺悖论"之所以被称之为"悖论",他自己也被后世称为"诡辩论者",是因为他的悖论完全违反常理,但是,当时人们又不知道如何才能反驳他.

"飞矢不动"这个悖论最关键的地方,是所谓"瞬间".理论上的物理学"瞬间"意思是时间长短为零.而在实际中,时间长短永远不可能为零.只要学完微积分,理解这个概念就非常容易.简单来说,"芝诺悖论"的错误就在于,他将无穷小彻底等同于零.无穷小等于零之后,再怎么相加、累积,最终的结果当然都是零,所以得出推论"飞矢"是"不动"的.但是,真正的概念是无穷小只是趋近于零,无穷个"趋近于零"的无穷小相加、累积之后,就会有一个确切的值.那么,同学们,思考一下,"阿基利斯追不上乌龟"这个悖论的谬误出在哪里呢?

案例 2　穷竭法与割圆术

阿基米德在《圆的度量》等著作中,提出了计算圆的周长、面积及扇形面积的准确公式.阿基米德先在一个直径为 1 的圆上作出了内接正六边形,即圆的内接正六边形.它的 6 条边长的总和一定比圆的周长短(阿基米德已证).然后,阿基米德又以刚才的顶点作了一个圆外切正六边形.然后计算周长,估算 π 的范围.阿基米德最后作到了正 96 边形,将 π 的范围缩小到 3.140 8 到 3.142 9 之间.在这些计算中,他创立的"穷竭法",实质上与现代数学积分计算的基本思想相同.在《论抛物线形的求积法》《论球和圆柱》等著作中,阿基米德在计算抛物线弓形面积和球、椭球、旋转抛物体等的表面积与体积时,进一步发展了"穷竭法",可以说是现代微积分法的先导.

3 世纪中期,魏晋时期的数学家刘徽首创割圆术,所谓割圆术,就是不断倍增圆内接正多边形的边数求出圆周率的方法.刘徽形容他的"割圆术"说:割之弥细,所失弥少,割之又割,以至于不可割,则与圆合体,而无所失矣.即通过圆内接正多边形细割圆,并使正多边形的周长无限接近圆的周长,进而来求得较为精确的圆周率.按照这样的思路,刘徽把圆内接正多边形的面积一直算到了正 3 072 边形,并由此而求得了圆周率为 3.14 和 3.141 6 这两个近似数值.这个结果是当时世界上圆周率计算的最精确的数据.刘徽所创立的"割圆术"新方法对中国古代数学发展的重大贡献,历史是永远不会忘记的.

案例3 连续复利与校园贷

设有本金10 000元进行投资,现有两种投资方案:一种是一年支付一次红利,年利率是12%;另一种是一年分12个月按复利支付红利,月利率为1%,哪一种投资方案合算?若以连续复利结算,最终可获利多少?

案例3分析

下面我们通过具体的计算来说明.

现有本金 A_0,以年利率 r 贷出,若以复利计息,t 年末 A_0 将增值到 A_t,试计算 A_t.

若以一年为1期计算利息,一年末的本利和为

$$A_1 = A_0(1+r).$$

两年末的本利和为

$$A_2 = A_1(1+r) = A_0(1+r)(1+r) = A_0(1+r)^2.$$

以此类推,t 年末的本利和为

$$A_t = A_0(1+r)^t.$$

这是一年计息1期,t 年末的本利和 A_t 的复利公式.

若仍以年利率为 r 贷出,一年不是计息1期,而是一年均匀计息 n 期,且以 $\frac{r}{n}$ 为每期的利率计算.这种情况下,可推得,t 年末的本利和为

$$A_t = A_0\left(1+\frac{r}{n}\right)^{nt}.$$

这是一年均匀计息 n 期,t 年末的本利和 A_t 的复利公式.

若计息的"期"的时间间隔无限缩短,从而计息次数 $n \to \infty$,这种情况称为连续复利.即

$$\lim_{n\to\infty} A_t = \lim_{n\to\infty} A_0\left(1+\frac{r}{n}\right)^{nt} = A_0 \lim_{n\to\infty}\left[\left(1+\frac{r}{n}\right)^{\frac{n}{r}}\right]^{rt} = A_0 e^{rt}.$$

所以,若以连续复利计算利息,t 年末的本利和 A_t 的复利公式为

$$A_t = A_0 e^{rt}.$$

将案例的数值代入以上公式可计算结果.

本金 $A_0 = 10\,000$,年利率 $r = 12\%$,一年为1期计算利息,一年末的本利和为

$$A_1 = 10\,000 \times (1+12\%) = 11\,200.$$

一年均匀计息12期,且以1%为每期的利率计算.一年末的本利和为

$$A_1 = 10\,000 \times (1+1\%)^{12 \times 1} = 11\,268.25.$$

若一年计息 n 期,以连续复利公式计算,一年末的本利和为

$$A_1 = 10\,000 e^{0.12 \times 1} = 11\,274.97.$$

综上，第二种方案更合算.

在学习完连续复利公式的基础上，同学们应该明白校园贷实质是高利贷. 在一些"校园贷"平台，利息按日计取，一般在 $0.1\%\sim0.2\%$，在等额本息算法下年化利率达到 70% 以上，连续复利的计算公式是自然指数函数，大家观察指数函数图象的增长方式，就应该明白校园贷就是高利贷. 但在宣传上，大部分贷款平台都不公布年息，只公布日息或者每期还款金额. 同时，校园贷还会收取高额的逾期费用. 所以，同学们要远离校园贷.

2.1 极限的概念

函数的极限

"极限"是数学中的分支——微积分的基础概念,广义的"极限"是指"无限靠近而永远不能到达"的意思. 切线与割线、变速直线运动的瞬时速度、曲边梯形的面积这三个案例在本书后续将陆续提到,只有理解好 2.1 极限的概念,才能掌握后续微分、积分的学习内容.

2.1.1 数列的极限

数列极限的思想早在古代就已萌生. 春秋战国时期庄子曾在《庄子·天下篇》中写道:"一尺之棰,日取其半,万世不竭",就是数列极限思想的体现.

现在,我们来考察当 n 无限增大时,数列 $\{x_n\}$ 的变化趋势.

试看下面几个例子:

(1) $x_n = \dfrac{1}{2^n}$ 即 $\dfrac{1}{2}, \dfrac{1}{4}, \dfrac{1}{8}, \dfrac{1}{16}, \cdots, \dfrac{1}{2^n}, \cdots$;

(2) $x_n = \dfrac{n+(-1)^{n-1}}{n}$ 即 $2, \dfrac{1}{2}, \dfrac{4}{3}, \dfrac{3}{4}, \dfrac{6}{5}, \cdots, \dfrac{n+(-1)^{n-1}}{n}, \cdots$;

(3) $x_n = n^2$ 即 $1, 4, 9, 16, \cdots, n^2, \cdots$;

(4) $x_n = \dfrac{1+(-1)^n}{2}$ 即 $0, 1, 0, 1, \cdots, \dfrac{1+(-1)^n}{2}, \cdots$.

通过仔细观察可以发现,当 $n \to \infty$ 时,以上几个数列的变化趋势是不相同的.

数列(1)的点在数轴上表示,如图 2-1 所示.

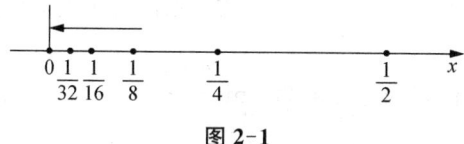

图 2-1

从图 2-1 中看出,当 n 无限增大时,数列 $x_n = \dfrac{1}{2^n}$ 在数轴上的对应点逐渐密集在 $x=0$ 的右侧,即数列 $x_n = \dfrac{1}{2^n}$ 的值无限趋于 0.

数列(2)的点在数轴上表示,如图 2-2 所示.

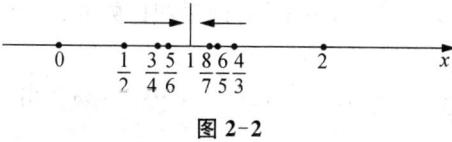

图 2-2

从图 2-2 中看出,数列 $x_n = \dfrac{n+(-1)^{n-1}}{n}$ 在数轴上的对应点逐渐密集在 $x=1$ 左、右两侧,即数列 $x_n = \dfrac{n+(-1)^{n-1}}{n}$ 的值无限趋近于 1.

数列(3),(4)随着 n 的无限增大,都不能无限接近于某一个确定的常数,

当 $n\to\infty$ 时，$x_n=n^2$ 的值是无限增大的；$x_n=\dfrac{1+(-1)^n}{2}$ 的值在 0 和 1 两个数上来回跳动．

总之，当 n 无限增大时，数列(1)，(2)都趋近于一个常数，这种数列称为有极限；数列(3)，(4)当 n 无限增大时，都不趋近于一个常数，这种数列称为无极限．一般地，有下面的定义．

定义 1 设数列 $\{x_n\}$，如果当 n 无限增大时，x_n 无限趋近于一个确定的常数 A，那么称当 n 趋于无穷大时，数列 $\{x_n\}$ 以 A 为极限，记作 $\lim\limits_{n\to\infty}x_n=A$ 或 $x_n\to A(n\to\infty)$．此时，也称数列 $\{x_n\}$ 是收敛的；如果数列 $\{x_n\}$ 没有极限，就称其为发散的．

例如，上述数列中，当 $n\to\infty$ 时，$x_n=\dfrac{1}{2^n}$ 的极限是 0，可记作 $\lim\limits_{n\to\infty}\dfrac{1}{2^n}=0$；$x_n=\dfrac{n+(-1)^{n-1}}{n}$ 的极限是 1，可记作 $\lim\limits_{n\to\infty}\dfrac{n+(-1)^{n-1}}{n}=1$；而数列 $x_n=n^2$ 和 $x_n=\dfrac{1+(-1)^n}{2}$ 都没有极限，或者说它们的极限不存在．

例 1 观察下列数列的变化趋势，写出它们的极限：

(1) $x_n=\dfrac{(-1)^n}{n}$；(2) $x_n=1+\left(-\dfrac{1}{2}\right)^n$；(3) $x_n=\dfrac{3n+2}{n}$；(4) $x_n=2$．

解 (1) 当 n 依次取 $1,2,3,4,\cdots$，等自然数时，数列 $x_n=\dfrac{(-1)^n}{n}$ 的各项依次是 $-1,\dfrac{1}{2},-\dfrac{1}{3},\dfrac{1}{4},\cdots$，容易看出，当 n 无限增大时，x_n 无限接近于 0．根据数列极限的定义可知 $\lim\limits_{n\to\infty}\dfrac{(-1)^n}{n}=0$．

(2) 当 n 依次取 $1,2,3,4,\cdots$，等自然数时，数列 $x_n=1+\left(-\dfrac{1}{2}\right)^n$ 的各项依次是 $1-\dfrac{1}{2},1+\dfrac{1}{4},1-\dfrac{1}{8},1+\dfrac{1}{16},\cdots$，容易看出，当 n 无限增大时，x_n 无限接近于 1．根据数列极限的定义可知 $\lim\limits_{n\to\infty}\left[1+\left(-\dfrac{1}{2}\right)^n\right]=1$．

(3) 当 n 依次取 $1,2,3,4,\cdots$，等自然数时，数列 $x_n=\dfrac{3n+2}{n}=3+\dfrac{2}{n}$ 的各项依次是 $3+\dfrac{2}{1},3+\dfrac{2}{2},3+\dfrac{2}{3},3+\dfrac{2}{4},\cdots$，容易看出，当 n 无限增大时，x_n 无限接近于 3．根据数列极限的定义可知 $\lim\limits_{n\to\infty}\dfrac{3n+2}{n}=3$．

(4) 当 n 依次取 $1,2,3,4,\cdots$，等自然数时，数列 $x_n=2$ 的各项都是 2，所以 $\lim\limits_{n\to\infty}2=2$．

一般地，任何一个常数数列的极限是这个常数本身，即 $\lim\limits_{n\to\infty}C=C$．

2.1.2 函数的极限

1. 当自变量趋于无穷大 ($x \to \infty$) 时,函数的极限

引例 1 观察函数 $f(x) = \dfrac{1}{x}$ 当 $x \to \infty$ 时的变化趋势.

解 由函数的图象(图 2-3)可以看出,当 x 的绝对值无限增大时,$f(x) = \dfrac{1}{x}$ 的值都无限地接近于常数 0. 即当 $x \to \infty$ 时,$f(x) \to 0$.

定义 2 如果当 x 的绝对值无限增大(即 $x \to \infty$)时,函数 $f(x)$ 无限地接近于一个确定的常数 A,那么 A 就叫作函数 $f(x)$ 当 $x \to \infty$ 时的极限,记作 $\lim\limits_{x \to \infty} f(x) = A$(或当 $x \to \infty$ 时,$f(x) \to A$).

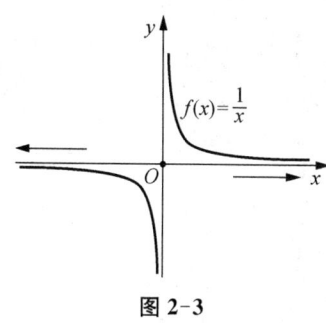

图 2-3

有时,x 的变化趋向有可能只取 $x \to +\infty$ 或 $x \to -\infty$ 中的一种情况. 因此,类似地,存在以下的定义:

定义 3 如果当 $x \to +\infty$ 时,函数 $f(x)$ 无限接近于一个确定的常数 A,则称 A 为函数 $f(x)$ 当 $x \to +\infty$ 时的极限,记作 $\lim\limits_{x \to +\infty} f(x) = A$(或当 $x \to +\infty$ 时,$f(x) \to A$);如果当 $x \to -\infty$ 时,函数 $f(x)$ 无限接近于一个确定的常数 A,则称 A 为函数 $f(x)$ 当 $x \to -\infty$ 时的极限,记作 $\lim\limits_{x \to -\infty} f(x) = A$(或当 $x \to -\infty$ 时,$f(x) \to A$).

综上,针对引例 1,有 $\lim\limits_{x \to \infty} \dfrac{1}{x} = \lim\limits_{x \to +\infty} \dfrac{1}{x} = \lim\limits_{x \to -\infty} \dfrac{1}{x} = 0$ 成立. 那么,以上三种类型的极限之间有什么关系呢? 有以下定理成立.

定理 1 $\lim\limits_{x \to \infty} f(x) = A$ 的充分必要条件是

$$\lim\limits_{x \to +\infty} f(x) = \lim\limits_{x \to -\infty} f(x) = A.$$

即

$$\lim\limits_{x \to +\infty} f(x) = \lim\limits_{x \to -\infty} f(x) = A \Leftrightarrow \lim\limits_{x \to \infty} f(x) = A.$$

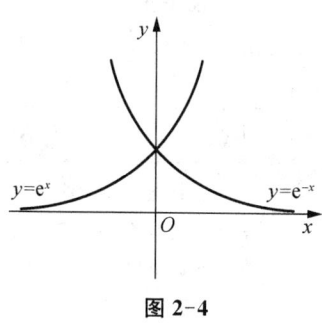

图 2-4

例 2 求 $\lim\limits_{x \to -\infty} e^x$ 和 $\lim\limits_{x \to +\infty} e^{-x}$.

解 分别作出函数 $y = e^x$ 和 $y = e^{-x}$ 的图象(图 2-4),可知

$$\lim\limits_{x \to -\infty} e^x = 0, \ \lim\limits_{x \to +\infty} e^{-x} = 0.$$

例 3 求 $\lim\limits_{x \to \infty} \dfrac{1}{x^2}, \lim\limits_{x \to \infty} \dfrac{2}{x}$.

解 由于当 x 的绝对值无限增大时,x^2 也无限增大,此时 $\dfrac{1}{x^2}$ 无限缩小,则

$$\lim_{x\to\infty}\frac{1}{x^2}=0.$$

由于当 x 的绝对值无限增大时,此时 $\frac{2}{x}$ 无限缩小,因而 $\lim\limits_{x\to\infty}\frac{2}{x}=0$.

2. 当 $x\to x_0$ 时,函数的极限

为了研究当 $x\to x_0$ 时函数的极限,我们必须首先引入邻域的概念.

定义 4 设 δ 是任一个正数,开区间 $(x_0-\delta,x_0+\delta)$ 叫作点 x_0 的 δ 邻域,记作 $U(x_0,\delta)$,其中 x_0 叫作邻域中心,δ 叫作邻域半径. 去掉邻域中心的邻域叫作去心邻域. 如图 2-5 所示.

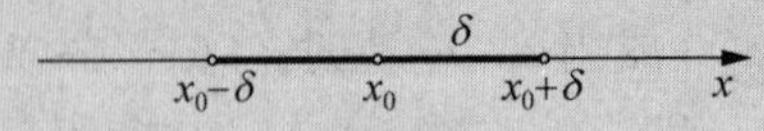

图 2-5

引例 2 函数 $f(x)=\dfrac{x^2-1}{x-1}$ 当自变量 x 趋近于 1 时的变化趋势.

首先,需进一步解释 $x\to x_0$ 的含义. $x\to x_0$ 表示 x 无限趋近于定值 x_0 ($x\ne x_0$),它包含两种情况:x 从小于 x_0 的左侧趋近于 x_0,记作 $x\to x_0^-$;x 从大于 x_0 的右侧趋近于 x_0,记作 $x\to x_0^+$.

由此函数的图象(图 2-6)看出:

当 x 从 1 的左侧无限接近于 1,记为 $x\to 1^-$,例如 x 取 0.9, 0.99, 0.999, $\cdots$, $\to 1$ 时,对应的函数值为 1.9, 1.99, 1.999, $\cdots$, $\to 2$.

当 x 从 1 的右侧无限接近于 1,记为 $x\to 1^+$,例如 x 取 1.1, 1.01, 1.001, $\cdots$, $\to 1$ 时,对应的函数值为 2.1, 2.01, 2.001, $\cdots$, $\to 2$.

综上所述,当 $x\to 1$ 时,函数 $f(x)=\dfrac{x^2-1}{x-1}$ 的值无限接近于 2.

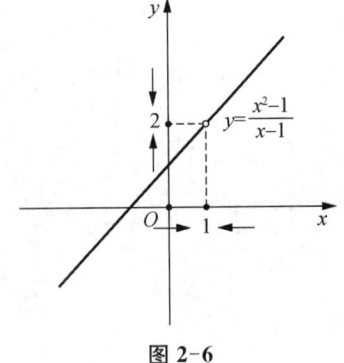

图 2-6

对于函数的这种变化趋势,我们给出如下定义.

定义 5 设函数 $y=f(x)$ 在 x_0 的某去心邻域内有定义,即如果当 x 无限趋近于定点 x_0 (x 可以不等于 x_0)时,函数值无限趋近于一个确定的常数 A,那么 A 就叫作函数 $y=f(x)$ 当 $x\to x_0$ 时的极限,记作 $\lim\limits_{x\to x_0}f(x)=A$ (或当 $x\to x_0$ 时,$f(x)\to A$).

注意

函数在点 x_0 的极限状况与函数在该点是否有定义及如何定义无关.

例 4 求极限 $\lim\limits_{x\to x_0}\pi$ 和 $\lim\limits_{x\to x_0}x$.

解 因为函数 $y=\pi$ 是常数函数,函数值恒等于常数 π,所以

$$\lim_{x\to x_0}\pi=\pi.$$

进一步可知,对于任意的常数函数 $y=C$ 均有 $\lim\limits_{x\to x_0}C=C$.

因为函数 $y=x$ 的函数值总与自变量相等,所以当 $x\to x_0$ 时函数值 y 也趋于 x_0,因此

$$\lim_{x\to x_0}x=x_0.$$

例5 求极限 $\lim\limits_{x \to 3}(3x+2)$.

解 因为当 $x \to 3$ 时，$3x$ 无限接近于 9，所以 $\lim\limits_{x \to 3}(3x+2) = 11$.

前面我们已经知道，$x \to x_0$ 又可以包含 $x \to x_0^-$ 和 $x \to x_0^+$ 两种情况，那么在此基础上我们引入左极限与右极限的概念.

定义6 如果当 $x \to x_0^-$ 时，函数 $f(x)$ 无限趋近于一个确定的常数 A，那么 A 就叫作函数 $f(x)$ 当 $x \to x_0$ 时的左极限，记作 $\lim\limits_{x \to x_0^-} f(x) = A$（或当 $x \to x_0^-$ 时，$f(x) \to A$）；如果当 $x \to x_0^+$ 时，函数 $f(x)$ 无限趋近于一个确定的常数 A，那么 A 就叫作函数 $f(x)$ 当 $x \to x_0$ 时的右极限，记作 $\lim\limits_{x \to x_0^+} f(x) = A$（或当 $x \to x_0^+$ 时，$f(x) \to A$）.

从引例2的分析过程中可知，当 $x \to 1$ 时，函数的左极限为 $\lim\limits_{x \to 1^-} f(x) = 2$，右极限为 $\lim\limits_{x \to 1^+} f(x) = 2$. 即 $\lim\limits_{x \to 1^-} f(x) = \lim\limits_{x \to 1^+} f(x) = 2$. 且它们都等于当 $x \to 1$ 时函数 $f(x) = \dfrac{x^2-1}{x-1}$ 的极限. 那么，以上三种类型的极限之间有什么关系呢？有以下定理成立.

定理2 当 $x \to x_0$ 时，函数 $f(x)$ 在点 x_0 处的极限与左极限、右极限的关系为

$$\lim\limits_{x \to x_0^-} f(x) = \lim\limits_{x \to x_0^+} f(x) = A \Leftrightarrow \lim\limits_{x \to x_0} f(x) = A.$$

注意

当函数 $f(x)$ 在点 x_0 的左右两侧对应法则不同时，常常用定理2判断 $\lim\limits_{x \to x_0} f(x)$ 是否存在. 因为分段函数分界点两侧的对应法则不同，所以判断分段函数分界点处的极限就用定理2.

例6 讨论当 $x \to 0$ 时，函数 $f(x) = \begin{cases} x, & (x \geqslant 0), \\ -x, & (x < 0) \end{cases}$ 的极限.

解 作出函数图象（图2-7），
由图可以看出：

$$\lim\limits_{x \to 0^-} f(x) = \lim\limits_{x \to 0^-}(-x) = 0,$$

$$\lim\limits_{x \to 0^+} f(x) = \lim\limits_{x \to 0^+} x = 0,$$

所以

$$\lim\limits_{x \to 0} f(x) = 0.$$

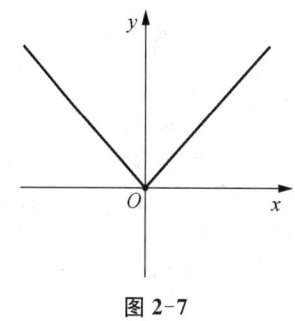

图 2-7

例7 讨论当 $x \to 0$ 时，函数 $f(x) = \begin{cases} 2x, & (x \geqslant 0), \\ x+1, & (x < 0) \end{cases}$ 的极限.

解 作出函数图象（图2-8），

$$\lim\limits_{x \to 0^-} f(x) = \lim\limits_{x \to 0^-}(x+1) = 1,$$

$$\lim\limits_{x \to 0^+} f(x) = \lim\limits_{x \to 0^+} 2x = 0,$$

由于

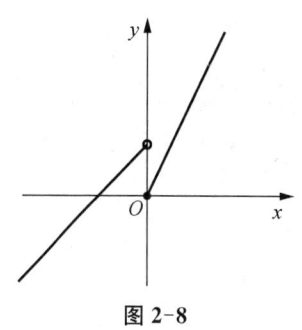

图 2-8

$$\lim_{x\to 0^-}f(x)\neq \lim_{x\to 0^+}f(x).$$

所以

$$\lim_{x\to 0}f(x)\text{ 不存在}.$$

 课后提升

1. 分析当 $n\to\infty$ 时数列的变化趋势,若极限存在,请写出它们的极限.

(1) $x_n=\dfrac{1}{3^n}$;　　　　　　　(2) $x_n=\dfrac{n+1}{n}$;

(3) $x_n=\dfrac{n}{n+1}$;　　　　　　　(4) $x_n=\left(-\dfrac{1}{5}\right)^n$.

2. 观察函数图象的变化趋势,若极限存在,请写出它们的极限.

(1) $\lim\limits_{x\to\infty}\dfrac{1}{x^2}$;　　(2) $\lim\limits_{x\to\infty}\left(\dfrac{1}{2}\right)^x$;　　(3) $\lim\limits_{x\to\infty}2^x$.

3. 观察函数图象的变化趋势,若极限存在,请写出它们的极限.

(1) $\lim\limits_{x\to 0}e^x$;　　　　　　　(2) $\lim\limits_{x\to 1}\ln x$;

(3) $\lim\limits_{x\to -2}\dfrac{x^2-4}{x+2}$;　　　　　(4) $\lim\limits_{x\to\pi}\cos x$.

4. 讨论当 $x\to 1$ 时,函数 $f(x)=\begin{cases}x-2,&(x<1),\\0,&(x=1),\\x+1,&(x>1)\end{cases}$ 的极限.

答　案

1. (1) 0; 　(2) 1; 　(3) 1; 　(4) 0.
2. (1) 0; 　(2) 不存在; 　(3) 不存在.
3. (1) 1; 　(2) 0; 　(3) -4; 　(4) -1.
4. $\lim\limits_{x\to 1}f(x)$ 不存在.

2.2 极限的运算

 ### 2.2.1 极限的运算法则

本节将介绍极限的运算法则,并利用运算法则求复杂函数的极限,首先引入极限的四则运算及其推论.

法则 1 设 $\lim\limits_{x \to x_0} f(x) = A$,$\lim\limits_{x \to x_0} g(x) = B$,则

(1) $\lim\limits_{x \to x_0}[f(x) \pm g(x)] = \lim\limits_{x \to x_0} f(x) \pm \lim\limits_{x \to x_0} g(x) = A \pm B$;

(2) $\lim\limits_{x \to x_0}[f(x) \cdot g(x)] = \lim\limits_{x \to x_0} f(x) \cdot \lim\limits_{x \to x_0} g(x) = A \cdot B$;

(3) $\lim\limits_{x \to x_0} \dfrac{f(x)}{g(x)} = \dfrac{\lim\limits_{x \to x_0} f(x)}{\lim\limits_{x \to x_0} g(x)} = \dfrac{A}{B} (B \neq 0)$.

推论 1 $\lim\limits_{x \to x_0} Cf(x) = C \lim\limits_{x \to x_0} f(x) = CA$($C$ 为常数);

推论 2 $\lim\limits_{x \to x_0}[f(x)]^n = [\lim\limits_{x \to x_0} f(x)]^n = A^n$($n$ 为正整数).

例 1 求极限 $\lim\limits_{x \to 1}(2x^2 + 2x + 1)$.

解 $\lim\limits_{x \to 1}(2x^2 + 2x + 1) = \lim\limits_{x \to 1}(2x^2) + \lim\limits_{x \to 1}(2x) + \lim\limits_{x \to 1} 1 = 5$.

此题的 MATLAB 计算程序如下:
在 M 文件中输入

```
syms x
limit(2*x^2+2*x+1,x,1)
```

按 F5,在命令窗口得到运行结果

```
ans =
    5.
```

例 2 求极限 $\lim\limits_{x \to 3} \dfrac{x^2 - x + 9}{x^2 + 1}$.

解 因为 $\lim\limits_{x \to 3}(x^2 + 1) = \lim\limits_{x \to 3} x^2 + \lim\limits_{x \to 3} 1 = 10 \neq 0$,所以由法则(3)得,

$$\lim\limits_{x \to 3} \dfrac{x^2 - x + 9}{x^2 + 1} = \dfrac{\lim\limits_{x \to 3}(x^2 - x + 9)}{\lim\limits_{x \to 3}(x^2 + 1)} = \dfrac{\lim\limits_{x \to 3} x^2 - \lim\limits_{x \to 3} x + \lim\limits_{x \to 3} 9}{\lim\limits_{x \to 3} x^2 + \lim\limits_{x \to 3} 1}$$

$$= \dfrac{9 - 3 + 9}{9 + 1} = \dfrac{3}{2}.$$

此题的 MATLAB 计算程序如下:
在 M 文件中输入

```
syms x
limit((x^2-x+9)/(x^2+1),x,3)
```

按 F5,在命令窗口得到运行结果

```
ans =
    3/2.
```

极限的计算举例

 注意

以上结论仅就 $x \to x_0$ 时加以叙述,对于自变量 x 的其他变化过程同样成立.其中,法则(1),(2) 可以推广到有限个函数的情况.

例3 求极限 $\lim\limits_{x\to -4}\dfrac{x^2-16}{x+4}$.

解 因为 $\lim\limits_{x\to -4}(x+4)=0$,所以不能直接运用法则计算,但是,分子和分母有公因式,约去公因式,得

$$\lim_{x\to -4}\frac{x^2-16}{x+4}=\lim_{x\to -4}\frac{(x+4)(x-4)}{x+4}=\lim_{x\to -4}(x-4)=-4-4=-8.$$

此题的 MATLAB 计算程序如下:

在 M 文件中输入

```
syms x
limit((x^2-16)/(x+4),x,-4)
```

按 F5,在命令窗口得到运行结果

```
ans =
    -8.
```

例4 求极限 $\lim\limits_{x\to \infty}\dfrac{x^2+2x+3}{2x^2-5x+1}$.

解 因为当 $x\to \infty$ 时,分式 $\dfrac{x^2+2x+3}{2x^2-5x+1}$ 的分子与分母极限都不存在,回顾 2.1.2 的例 3,知 $\lim\limits_{x\to \infty}\dfrac{1}{x}=0$. 则可把分式变形,分子与分母同除以 x^2,得

$$\lim_{x\to \infty}\frac{x^2+2x+3}{2x^2-5x+1}=\lim_{x\to \infty}\frac{1+\dfrac{2}{x}+\dfrac{3}{x^2}}{2-\dfrac{5}{x}+\dfrac{1}{x^2}}$$

$$=\frac{\lim\limits_{x\to \infty}1+2\lim\limits_{x\to \infty}\dfrac{1}{x}+3\left(\lim\limits_{x\to \infty}\dfrac{1}{x}\right)^2}{\lim\limits_{x\to \infty}2-5\lim\limits_{x\to \infty}\dfrac{1}{x}+\left(\lim\limits_{x\to \infty}\dfrac{1}{x}\right)^2}=\frac{1}{2}.$$

此题的 MATLAB 计算程序如下:

在 M 文件中输入

```
syms x
limit((x^2-2*x+3)/(2*x^2-5*x+1),x,inf)
```

按 F5,在命令窗口得到运行结果

```
ans =
    1/2.
```

例5 求极限 $\lim\limits_{x\to \infty}\dfrac{x^2-5x+4}{-2x^3+x+1}$.

解 同理,分子与分母同除以 x^3,得

$$\lim_{x\to\infty}\frac{x^2-5x+4}{-2x^3+x+1}=\lim_{x\to\infty}\frac{\dfrac{1}{x}-\dfrac{5}{x^2}+\dfrac{4}{x^3}}{-2+\dfrac{1}{x^2}+\dfrac{1}{x^3}}=\frac{\lim\limits_{x\to\infty}\left(\dfrac{1}{x}-\dfrac{5}{x^2}+\dfrac{4}{x^3}\right)}{\lim\limits_{x\to\infty}\left(-2+\dfrac{1}{x^2}+\dfrac{1}{x^3}\right)}=0.$$

此题的 MATLAB 计算程序如下：

在 M 文件中输入

syms x

limit((x^2-5*x+4)/(-2*x^3+x+1),x,inf)

按 F5，在命令窗口得到运行结果

ans =

　　0.

例 6 求极限 $\lim\limits_{x\to\infty}\dfrac{x^3+3x+1}{3x^2-x-1}$.

解 同理，分子与分母同除以 x^3，得

$$\lim_{x\to\infty}\frac{x^3+3x+1}{3x^2-x-1}=\lim_{x\to\infty}\frac{1+\dfrac{3}{x^2}+\dfrac{1}{x^3}}{\dfrac{3}{x}-\dfrac{1}{x^2}-\dfrac{1}{x^3}}=\frac{\lim\limits_{x\to\infty}\left(1+\dfrac{3}{x^2}+\dfrac{1}{x^3}\right)}{\lim\limits_{x\to\infty}\left(\dfrac{3}{x}-\dfrac{1}{x^2}-\dfrac{1}{x^3}\right)}=\infty.$$

此题的 MATLAB 计算程序如下：

在 M 文件中输入

syms x

limit((x^3-3*x+1)/(3*x^2-x11),x,inf)

按 F5，在命令窗口得到运行结果

ans =

　　inf.

综上三例，可得出一般结论（$a_0\neq 0, b_0\neq 0$）：

$$\lim_{x\to\infty}\frac{a_0x^n+a_1x^{n-1}+\cdots+a_{n-1}x+a_n}{b_0x^m+b_1x^{m-1}+\cdots+b_{m-1}x+b_m}=\begin{cases}0,&(n<m),\\ \dfrac{a_0}{b_0},&(n=m),\\ \infty,&(n>m).\end{cases}$$

此外，有部分计算题笔算计算难度大，但 MATLAB 软件很好地简化了计算，如例 7.

例 7 用 MATLAB 计算极限 $\lim\limits_{x\to 2^+}\dfrac{\sqrt{x}-\sqrt{2}+\sqrt{x-2}}{\sqrt{x^2-4}}$.

解 在 M 文件中输入

syms x

y=(sqrt(x)-sqrt(2)+sqrt(x-2))/sqrt(x^2-4);

limit(y,x,2,'right')

按 F5，在命令窗口得到运行结果

注意

例 6、例 7 在输入时，考虑到运算符号的优先级，在输入程序时要注意加括号.

ans =
1/2.

2.2.2 两个重要极限

1. 重要极限 1 $\lim\limits_{x \to 0} \dfrac{\sin x}{x} = 1$

此函数的图形如下,观察图形(图 2-9),我们不难发现当 $x \to 0$ 时,函数值接近于 1. 大家亦可尝试用 MATLAB 计算说明即可.

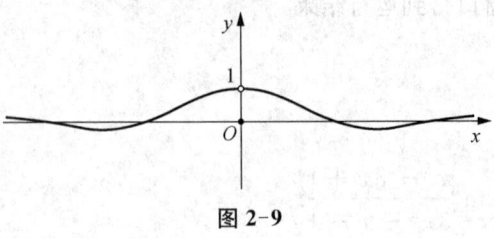

图 2-9

该极限式有以下三个特点:
(1) 函数是分式;
(2) 分母趋向于 0;
(3) 分子是分母的正弦函数.

> **注意**
> 实际应用时,常常使用它的变量替换形式,即当 $\varphi(x) \to 0$ 时, $\lim\limits_{\varphi(x) \to 0} \dfrac{\sin \varphi(x)}{\varphi(x)} = 1$. 也就是把 $\varphi(x)$ 看成整体,它相当于公式中的变量 x.

例 8 求 $\lim\limits_{x \to 0} \dfrac{\tan x}{x}$.

解 $\lim\limits_{x \to 0} \dfrac{\tan x}{x} = \lim\limits_{x \to 0} \left(\dfrac{\sin x}{x} \cdot \dfrac{1}{\cos x} \right) = \lim\limits_{x \to 0} \dfrac{\sin x}{x} \cdot \lim\limits_{x \to 0} \dfrac{1}{\cos x} = 1.$

例 9 求 $\lim\limits_{x \to 0} \dfrac{\sin 5x}{3x}$.

解 $\lim\limits_{x \to 0} \dfrac{\sin 5x}{3x} = \lim\limits_{x \to 0} \dfrac{5 \sin 5x}{3 \cdot 5x} = \dfrac{5}{3} \lim\limits_{5x \to 0} \dfrac{\sin 5x}{5x} = \dfrac{5}{3}.$

例 10 求 $\lim\limits_{x \to 0} \dfrac{\sin 2x}{\sin 3x}$.

解 $\lim\limits_{x \to 0} \dfrac{\sin 2x}{\sin 3x} = \lim\limits_{x \to 0} \dfrac{\dfrac{\sin 2x}{x}}{\dfrac{\sin 3x}{x}} = \lim\limits_{x \to 0} \dfrac{\dfrac{\sin 2x}{2x} \cdot 2}{\dfrac{\sin 3x}{3x} \cdot 3} = \dfrac{2}{3}.$

例 11 求 $\lim\limits_{x \to 0} \dfrac{1 - \cos x}{x^2}$.

解 $\lim\limits_{x \to 0} \dfrac{1 - \cos x}{x^2} = \lim\limits_{x \to 0} \dfrac{2 \sin^2 \dfrac{x}{2}}{x^2}$

$= \dfrac{1}{2} \lim\limits_{x \to 0} \dfrac{\sin^2 \dfrac{x}{2}}{\left(\dfrac{x}{2} \right)^2} = \dfrac{1}{2} \lim\limits_{x \to 0} \left(\dfrac{\sin \dfrac{x}{2}}{\dfrac{x}{2}} \right)^2$

> **注意**
> 以上例题均体现了数学中"整体代入的思维方法".

$$= \frac{1}{2} \left(\lim_{\frac{x}{2} \to 0} \frac{\sin \frac{x}{2}}{\frac{x}{2}} \right)^2$$
$$= \frac{1}{2} \times 1^2 = \frac{1}{2}.$$

例 12 求 $\lim\limits_{x \to \infty} x \sin \frac{1}{x}$.

解 $\lim\limits_{x \to \infty} x \sin \frac{1}{x} = \lim\limits_{x \to \infty} \frac{\sin \frac{1}{x}}{\frac{1}{x}} = \lim\limits_{\frac{1}{x} \to 0} \frac{\sin \frac{1}{x}}{\frac{1}{x}} = 1.$

2. 重要极限 2 $\lim\limits_{x \to \infty} \left(1 + \frac{1}{x}\right)^x = e$

此函数的图形如下,观察图形(图 2-10),我们不难发现当 $x \to \infty$ 时,函数值接近于 e. 大家亦可尝试用 MATLAB 计算说明即可.

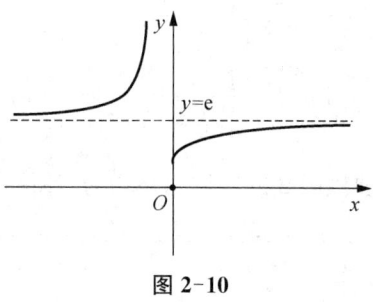

图 2-10

该公式有以下三个特点:
(1) 函数是底数和指数都为变量的幂;
(2) 底数是 1 加上无穷小;
(3) 指数是底数中无穷小的倒数.

例 13 求 $\lim\limits_{x \to \infty} \left(1 + \frac{1}{2x}\right)^x$.

$$\lim_{x \to \infty} \left(1 + \frac{1}{2x}\right)^x = \lim_{x \to \infty} \left[\left(1 + \frac{1}{2x}\right)^{2x}\right]^{\frac{1}{2}} = \left[\lim_{x \to \infty} \left(1 + \frac{1}{2x}\right)^{2x}\right]^{\frac{1}{2}} = e^{\frac{1}{2}}.$$

例 14 求 $\lim\limits_{x \to \infty} \left(1 - \frac{1}{x}\right)^x$.

解 因为
$$\lim_{x \to \infty} \left(1 - \frac{1}{x}\right)^x = \lim_{x \to \infty} \left(1 + \frac{1}{-x}\right)^x = \lim_{x \to \infty} \left[\left(1 + \frac{1}{-x}\right)^{-x}\right]^{-1}$$
$$= \left[\lim_{x \to \infty} \left(1 + \frac{1}{-x}\right)^{-x}\right]^{-1} = \left[\lim_{-x \to \infty} \left(1 + \frac{1}{-x}\right)^{-x}\right]^{-1}$$
$$= e^{-1}.$$

注意

(1) 实际应用时,常常使用它的变量替换形式,即当 $\varphi(x) \to \infty$ 时,
$$\lim_{\varphi(x) \to \infty} \left[1 + \frac{1}{\varphi(x)}\right]^{\varphi(x)} = e.$$
也就是把 $\varphi(x)$ 看成整体,它相当于公式中的变量 x.

(2) 在此式中,令 $t = \frac{1}{x}$,则当 $x \to \infty$ 时,$t \to 0$,从而有 $\lim\limits_{t \to 0}(1+t)^{\frac{1}{t}} = e$. 换元得
$$\lim_{x \to 0}(1+x)^{\frac{1}{x}} = e.$$
这是重要极限 2 的另外一种常见形式.

例 15 求 $\lim\limits_{x\to\infty}\left(1+\dfrac{3}{x}\right)^{4x}$.

解 令 $t=\dfrac{x}{3}$，则当 $x\to\infty$ 时，$t\to\infty$，因此

$$\lim_{x\to\infty}\left(1+\dfrac{3}{x}\right)^{4x}=\lim_{t\to\infty}\left(1+\dfrac{1}{t}\right)^{12t}=\lim_{t\to\infty}\left[\left(1+\dfrac{1}{t}\right)^{t}\right]^{12}$$

$$=\left[\lim_{t\to\infty}\left(1+\dfrac{1}{t}\right)^{t}\right]^{12}=e^{12}.$$

例 16 求 $\lim\limits_{x\to 0}(1+2x)^{\frac{1}{x}}$.

解 $\lim\limits_{x\to 0}(1+2x)^{\frac{1}{x}}=\lim\limits_{x\to 0}\left[(1+2x)^{\frac{1}{2x}}\right]^2=\left[\lim\limits_{x\to 0}(1+2x)^{\frac{1}{2x}}\right]^2=e^2$

> **注意**
> 以上例题均体现了数学中"整体代入"的思维方法.

例 17 求 $\lim\limits_{x\to 0}\left(1-\dfrac{x}{2}\right)^{\frac{2}{x}}$.

解 $\lim\limits_{x\to 0}\left(1-\dfrac{x}{2}\right)^{\frac{2}{x}}=\lim\limits_{x\to 0}\left\{\left[1+\left(-\dfrac{x}{2}\right)\right]^{\frac{1}{-\frac{x}{2}}}\right\}^{-1}$

$$=\left\{\lim_{x\to 0}\left[1+\left(-\dfrac{x}{2}\right)\right]^{\frac{1}{-\frac{x}{2}}}\right\}^{-1}=e^{-1}.$$

综上，重要极限 1 与重要极限 2 的应用思路均为"整体代入".

 课后提升

1. 求下列极限.

(1) $\lim\limits_{x\to -1}(x^3-2x+1)$;

(2) $\lim\limits_{x\to -4}\dfrac{x^2-16}{x+4}$;

(3) $\lim\limits_{x\to 2}\dfrac{x^2-9}{x+3}$;

(4) $\lim\limits_{x\to\infty}\dfrac{2x^3-5x^2+1}{3x^2+4x-2}$;

(5) $\lim\limits_{x\to\infty}\dfrac{3x^2-x+5}{x^2+4x-2}$;

(6) $\lim\limits_{x\to\infty}\dfrac{x-5}{3x^2+4x-2}$.

2. 设 $f(x)=\begin{cases}x^2+2x-1, & x\leqslant 1,\\ x, & 1<x<2,\\ 2x-2, & x\geqslant 2.\end{cases}$

求 $\lim\limits_{x\to -5}f(x)$; $\lim\limits_{x\to 1}f(x)$; $\lim\limits_{x\to 2}f(x)$; $\lim\limits_{x\to 3}f(x)$.

3. 求下列极限.

(1) $\lim\limits_{x\to 0}\dfrac{\sin x}{3x}$;

(2) $\lim\limits_{x\to 0}\dfrac{\sin 3x}{x}$;

(3) $\lim\limits_{x\to 0}\dfrac{x}{\sin 2x}$;

(4) $\lim\limits_{x\to 0}\dfrac{\sin 2x}{\sin 3x}$.

4. 求下列极限.

(1) $\lim\limits_{x\to\infty}\left(1+\dfrac{1}{x}\right)^{2x}$;

(2) $\lim\limits_{x\to\infty}\left(1+\dfrac{2}{x}\right)^{x}$;

(3) $\lim\limits_{x\to\infty}\left(1+\dfrac{1}{2x}\right)^{x}$;

(4) $\lim\limits_{x\to\infty}\left(1-\dfrac{2}{x}\right)^{x}$;

(5) $\lim\limits_{x\to 0}(1+3x)^{\frac{1}{x}}$;

(6) $\lim\limits_{x\to 0}(1-x)^{\frac{1}{x}}$.

答 案

1. (1) 2； (2) -8； (3) -1； (4) ∞； (5) 3； (6) 0.

2. 14，不存在，2，4.

3. (1) $\dfrac{1}{3}$； (2) 3； (3) $\dfrac{1}{2}$； (4) $\dfrac{2}{3}$.

4. (1) e^{2}； (2) e^{2}； (3) $\mathrm{e}^{\frac{1}{2}}$； (4) e^{-2}； (5) e^{3}； (6) e^{-1}.

无穷小与无穷大

2.3 无穷大量与无穷小量

在 2.1 节及 2.2 节中有许多这样的极限,一类是极限为 0,另一类是极限为无穷(实际意义极限不存在),我们将在本节中讨论以下两类极限.

$$\lim_{x\to\infty}\frac{1}{x}=0,\ \lim_{x\to\infty}\frac{1}{x^2}=0,\ \lim_{x\to 0}\sin x=0,\ \lim_{x\to 1}(x-1)=0.$$

$$\lim_{x\to 0}\frac{1}{x}=\infty,\ \lim_{x\to+\infty}e^x=+\infty,\ \lim_{x\to-\infty}e^{-x}=+\infty,\ \lim_{x\to 0^+}\ln x=-\infty.$$

2.3.1 无穷小量

1. 无穷小量的概念

定义 1 若 $\lim\limits_{x\to x_0}f(x)=0$,则称函数 $f(x)$ 在 $x\to x_0$ 时为无穷小量,简称无穷小,通常用 α,β,γ 等来表示.

注意

(1) 定义无穷小时要指明函数自变量的变化过程(如 $x\to x_0$),而且在这个过程中,函数 $f(x)$ 以 0 为极限.例如,函数 $f(x)=x^2-1$ 是 $x\to 1$ 时的无穷小,但函数 $f(x)=x^2-1$ 在 $x\to 2$ 时就不是无穷小;

(2) 无穷小量是在某一过程中以零为极限的变量,而不是绝对值很小的数.如 10^{-10} 和 10^{-100} 等都不是无穷小;

(3) "0"是唯一可看作无穷小的常数(可把 0 看作常函数 $y=0$,无论在何变化趋势下,极限都为 0,符合无穷小的概念).而对于其他的常数函数,尽管它的值可以很小,但因为它的值已经取定且不为零,因而极限都不是零,所以不能称为无穷小.

上述定义中的 $x\to x_0$ 可以换成 $x\to x_0^+$,$x\to x_0^-$,$x\to\infty$,$x\to -\infty$,$x\to +\infty$ 等.函数 $f(x)$ 可以换成数列 x_n,此时 $x\to x_0$ 换成 $n\to\infty$.

开篇的前四个函数均是在其极限过程下的无穷小量.此外,当 $x\to 0$ 时,函数 $2x$,$\sin x$ 都是无穷小;当 $x\to 1$ 时,函数 $x-1$,$\ln x$ 都是无穷小,当 $x\to\infty$ 时,函数 $\dfrac{1}{x}$ 是无穷小.

无穷小量还具有以下三条性质,具体证明省略,如有兴趣,可用极限的四则运算法则进行验证.

性质 1 有限个无穷小的代数和为无穷小.

性质 2 有限个无穷小的乘积为无穷小.

性质 3 有界函数与无穷小的乘积为无穷小.

2. 等价无穷小

无穷小虽然都是趋近于 0 的变量,但它们趋近于 0 的速率有快有慢,有时会差别很大.如当 $x\to 0$ 时,x,$2x$,x^2,$\sin x$ 都是无穷小,但它们趋近于 0 的速率却不一样,对应的函数值的变化见表 2-1.

表 2-1 函数值变化

x	0.1	0.01	0.001	0.000 1	$\to 0$
$2x$	0.2	0.02	0.002	0.000 2	$\to 0$
x^2	0.01	0.000 1	0.000 001	0.000 000 01	$\to 0$
$\sin x$	0.099 8	0.009 999 8	≈ 0.001	$\approx 0.000 1$	$\to 0$

显然,x 和 $2x$ 趋近于 0 的速率差别不大,x 和 $\sin x$ 趋近于 0 的速率相同,x^2 趋近于 0 的速率就比其他三个要快得多.

再将以上无穷小两两比较,可知两个无穷小之比与它们趋近于 0 的速率有关. 即从以下极限结果可以得出: x 和 $\sin x$ 趋近于 0 的速率相同, 则二者的商为 1; x^2 趋近于 0 的速率比 x 要快得多, 二者的商为 0. 为了衡量无穷小趋近于 0 的速率的快慢这一特点, 我们引入无穷小的阶的概念.

$$\lim_{x \to 0} \frac{2x}{x} = 2, \quad \lim_{x \to 0} \frac{x^2}{x} = 0, \quad \lim_{x \to 0} \frac{\sin x}{x} = 1.$$

定义 2 设 α, β 是同一过程中的两个无穷小.

如果 $\lim \frac{\beta}{\alpha} = 0$, 则称 β 是比 α 较高阶的无穷小.

如果 $\lim \frac{\beta}{\alpha} = c \neq 0$, 则称 β 与 α 是同阶的无穷小. 特别是当 $c = 1$ 时, 称 β 与 α 是等价无穷小, 记作 $\alpha \sim \beta$.

如果 $\lim \frac{\beta}{\alpha} = \infty$, 则称 β 是比 α 较低阶的无穷小.

例如, $\lim_{x \to 0} \frac{x^2}{x} = 0$, 所以当 $x \to 0$ 时, x^2 是比 x 较高阶的无穷小量. 反之也可以说, 当 $x \to 0$ 时, x 是比 x^2 较低阶的无穷小量.

又如, $\lim_{x \to 0} \frac{2x}{x} = 2$, 所以当 $x \to 0$ 时, $2x$ 与 x 是同阶无穷小量, 而 $\lim_{x \to 0} \frac{\sin x}{x} = 1$, 所以当 $x \to 0$ 时, $\sin x$ 与 x 是等价无穷小, 即 $\sin x \sim x$.

同样, 我们在 2.2.2 小节中的重要极限 1 得出 $\lim_{x \to 0} \frac{\tan x}{x} = 1$, 因而当 $x \to 0$ 时, $\tan x \sim x$; 也曾得出 $\lim_{x \to 0} \frac{1 - \cos x}{x^2} = \frac{1}{2}$, 即 $\lim_{x \to 0} \frac{1 - \cos x}{\frac{x^2}{2}} = 1$, 因而当 $x \to 0$ 时, $1 - \cos x \sim \frac{x^2}{2}$. 除此之外, 常见的当 $x \to 0$ 时的等价无穷小还有 $e^x - 1 \sim x$, $\ln(1 + x) \sim x$, $\sqrt{1 + x} - 1 \sim \frac{1}{2} x$.

关于等价无穷小在求极限中的应用, 有如下定理.

定理 1 设 α, β, α' 及 β' 在 $x \to x_0$ (或 $x \to \infty$) 时都是无穷小, 且 $\alpha \sim \alpha'$, $\beta \sim \beta'$, $\lim_{\substack{x \to x_0 \\ (x \to \infty)}} \frac{\beta'}{\alpha'}$ 存在, 则有 $\lim_{\substack{x \to x_0 \\ (x \to \infty)}} \frac{\beta}{\alpha} = \lim_{\substack{x \to x_0 \\ (x \to \infty)}} \frac{\beta'}{\alpha'}$.

运用这个定理, 在求两个无穷小量之比的极限时, 如果不容易求出时, 可用分子和分母各自的等价无穷小来代换. 如果选的适当, 就可以简化运算.

例 1 求 $\lim_{x \to 0} \frac{\tan 2x}{\sin 5x}$.

解 当 $x \to 0$ 时, $\tan 2x \sim 2x$, $\sin 5x \sim 5x$, 所以

$$\lim_{x \to 0} \frac{\tan 2x}{\sin 5x} = \lim_{x \to 0} \frac{2x}{5x} = \frac{2}{5}.$$

例2 求 $\lim\limits_{x \to 0} \dfrac{\tan x - \sin x}{x^3}$.

解 $\tan x - \sin x = \tan x(1 - \cos x)$,当 $x \to 0$ 时,

$$\tan x \sim x, \quad 1 - \cos x \sim \dfrac{x^2}{2},$$

所以

$$\lim_{x \to 0} \dfrac{\tan x - \sin x}{x^3} = \lim_{x \to 0} \dfrac{\tan x(1 - \cos x)}{x^3} = \lim_{x \to 0} \dfrac{x \cdot \dfrac{x^2}{2}}{x^3} = \dfrac{1}{2}.$$

要注意的是,在以上求极限的过程中,相乘或相除的无穷小都可以用各自的等价无穷小来代换,但是相加减的时候则不能这样做. 例如在本题中

$$\lim_{x \to 0} \dfrac{\tan x - \sin x}{x^3} \neq \lim_{x \to 0} \dfrac{x - x}{x^3} = 0.$$

2.3.2 无穷大量

1. 无穷大量的概念

定义3 如果当 $x \to x_0$(或 $x \to \infty$)时,函数 $f(x)$ 的绝对值无限增大,则称当 $x \to x_0$(或 $x \to \infty$)时,函数 $f(x)$ 是无穷大量,简称无穷大.

例如,开篇的后四个函数均是在其极限过程下的无穷大量. 此外,当 $x \to 2$ 时,函数 $f(x) = \dfrac{1}{x-2}$ 就是无穷大量.

2. 无穷小与无穷大之间的关系

为了说明无穷大和无穷小之间的关系,我们先来看两个例子.

当 $x \to 0$ 时,函数 $f(x) = x$ 是无穷小,而函数 $f(x) = \dfrac{1}{x}$ 是无穷大;当 $x \to +\infty$ 时,函数 $f(x) = e^x$ 是无穷大,而函数 $f(x) = e^{-x} = \dfrac{1}{e^x}$ 是无穷小.

定理2 在自变量的同一变化过程中,如果 $f(x)$ 是无穷大量,那么 $\dfrac{1}{f(x)}$ 是无穷小量;如果 $f(x)$ 是无穷小量,且 $f(x) \neq 0$,那么 $\dfrac{1}{f(x)}$ 是无穷大量.

例3 求极限 $\lim\limits_{x \to 2} \dfrac{3x-1}{x-2}$.

解 因为当 $x \to 2$ 时,分母的极限为 0,所以不能直接运用极限运算法则,而极限

$$\lim_{x \to 2} \dfrac{x-2}{3x-1} = 0,$$

注意

(1) 在说明某函数 $f(x)$ 是无穷大时,必须同时指明自变量 x 的变化趋势. 例如,当 $x \to 2$ 时,函数 $f(x) = \dfrac{1}{x-2}$ 是无穷大,但当 $x \to 1$ 时,函数 $f(x) = \dfrac{1}{x-2}$ 就不是无穷大.

(2) 绝对值很大的数不是无穷大量. 因为绝对值很大的数,无论有多么大,都是一个常数,它不会随着自变量的增大而出现绝对值无限增大的趋势,因而不能称为无穷大.

(3) 按照极限的定义,函数 $f(x)$ 是无穷大时,其极限应当是不存在的. 但为了方便叙述,我们可以说函数 $f(x)$ 的极限是无穷大,记作 $\lim\limits_{\substack{x \to x_0 \\ (x \to \infty)}} f(x) = \infty$.

例如,当 $x \to \infty$ 时,函数 $f(x) = |x|$ 取正值而无限增大,所以 $f(x)$ 是 $x \to \infty$ 时的无穷大,记作 $\lim\limits_{x \to \infty} |x| = +\infty$;当 $x \to 0^+$ 时,函数 $f(x) = \log_2 x$ 取负值而绝对值无限增大,所以 $f(x)$ 是 $x \to 0^+$ 时的无穷大量,记作 $\lim\limits_{x \to 0^+} \log_2 x = -\infty$.

即当 $x \to 2$ 时,$\dfrac{1}{f(x)} = \dfrac{x-2}{3x-1}$ 是无穷小,那么 $f(x) = \dfrac{3x-1}{x-2}$ 是 $x \to 2$ 时的无穷大,因此

$$\lim_{x \to 2} \dfrac{3x-1}{x-2} = \infty.$$

例 4 求极限 $\lim\limits_{x \to \infty}(x^3 - x^2 - 1)$.

解 因为当 $x \to \infty$ 时,x^3,x^2 的极限都不存在,所以不能运用极限运算法则,而

$$\lim_{x \to \infty} \dfrac{1}{x^3 - x^2 - 1} = \lim_{x \to \infty} \dfrac{\dfrac{1}{x^3}}{1 - \dfrac{1}{x} - \dfrac{1}{x^3}} = 0,$$

即当 $x \to \infty$ 时,$\dfrac{1}{x^3 - x^2 - 1}$ 是无穷小,那么 $x^3 - x^2 - 1$ 是 $x \to \infty$ 时的无穷大,因此

$$\lim_{x \to \infty}(x^3 - x^2 - 1) = \infty.$$

课后提升

1. 当 $x \to 0$ 时,下列函数哪些是无穷小?哪些是无穷大?

(1) $y = \dfrac{x+1}{x}$;　　　　　　　(2) $y = \dfrac{x}{x+1}$;

(3) $y = \dfrac{1}{x}\sin x$;　　　　　　(4) $y = x\sin\dfrac{1}{x}$.

2. 下列函数的自变量在怎样的趋向下是无穷小或是无穷大?

(1) $y = \dfrac{x-1}{x+1}$;　　　　　　　(2) $y = \dfrac{x+2}{x^2}$;

(3) $y = \dfrac{x^2 + 2x - 3}{x^2 + x - 2}$;　　　　(4) $y = x\sin\dfrac{1}{x}$.

3. 求下列极限.

(1) $\lim\limits_{x \to \infty} \dfrac{\sin x}{x}$;　　　　　　(2) $\lim\limits_{x \to 0} x^3 \cos\dfrac{1}{x}$.

答 案

1. (1) 无穷大;　(2) 无穷小;　(3) 既不是无穷大,也不是无穷小;　(4) 无穷小.

2. (1) $x \to 1$ 时为无穷小,$x \to -1$ 时为无穷大;

(2) $x \to -2$ 和 $x \to \infty$ 时都为无穷小,$x \to 0$ 时为无穷大;

(3) $x \to -3$ 时为无穷小,$x \to -2$ 时为无穷大;

(4) $x \to 0$ 时为无穷小.

3. (1) 0;　(2) 0.

函数的间断点

2.4 函数的连续性

2.4.1 连续函数的概念

自然界中许多自然现象的变化过程都是连续不断的,例如,气温的变化、地下水的水位、动植物的生长、电流的变化等.这些现象都是随着时间连续不断地变化着.它们反映在数学上,就是函数的连续性.连续性是函数的重要性质之一,它反映了许多自然现象的一个共性.

1. 增量

在一些实际问题中,有时需要研究当自变量发生微小改变时函数改变的情况.例如,某地区某天的气温 T 是时间 t 的函数,设其函数关系式为 $T=F(t)$,当时间由 t_1 变化到 t_2 时,t 的改变量为 t_2-t_1;相应的气温改变量为 $F(t_2)-F(t_1)$.一般也将改变量称为增量.

注意

(1) 函数 $y=f(x)$ 在点 x_0 的某邻域内有定义,当自变量 x 从 x_0(称为初值)变化到 x_1(称为终值)时,终值与初值之差 x_1-x_0 称为自变量的增量(或改变量),记为 $\Delta x = x_1 - x_0$.相应地,将函数因变量的终值 $f(x_1)$ 与初值 $f(x_0)$ 之差称为函数的增量,记为 $\Delta y = f(x_0+\Delta x) - f(x_0)$.

(2) 增量可以是正值,可以是负值,也可以是零.

定义 1 将变量 u 从 u_1 变化到 u_2 时的改变量 $\Delta u = u_2 - u_1$ 称为增量.

例 1 设正方形的边长为 x,当 x 取得增量 Δx 时,面积 y 相应的增量 Δy 是多少? 当 x 由 1 变为 1.1 时,面积改变了多少? 当 x 由 1 变为 0.9 时,面积改变了多少?

解 边长为 x 时,正方形的面积为 $f(x)=x^2$,如果边长由 x 变到 $x+\Delta x$,则面积的增量为

$$\Delta y = f(x+\Delta x) - f(x) = (x+\Delta x)^2 - x^2 = 2x\Delta x + (\Delta x)^2,$$

当 $x=1$,$\Delta x=0.1$ 时,有 $\Delta y = 2\times 1\times 0.1 + 0.1^2 = 0.21$,

因为

$$\Delta y > 0.$$

所以面积增加了 0.21.

当 $x=1$,$\Delta x = -0.1$ 时,有

$$\Delta y = 2\times 1\times (-0.1) + (-0.1)^2 = -0.19,$$

因为

$$\Delta y < 0.$$

所以面积减少了 0.19. 此例我们将在微分部分再详细讨论.

2. 函数的连续性

在几何图形上,函数 $f(x)$ 的图形在其连续点 x_0 处是不能断开的.观察图 2-11,在 x_0 处连续,观察图象 2-12 在 x_0 处连续,后者在 x_0 处不连续.我们用增量的概念来描述上述两图.函数 $y=f(x)$ 在点 x_0 处连续的特征是:当 $\Delta x \to 0$ 时,$\Delta y \to 0$;函数 $y=\varphi(x)$ 在点 x_0 处间断的特征是:当 $\Delta x \to 0$ 时,Δy 不趋于零.由此给出函数在一点处连续的定义如下:

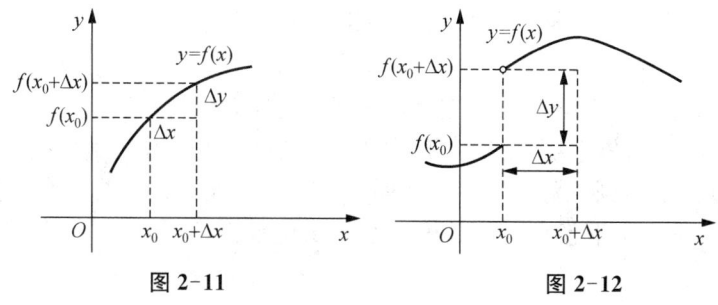

图 2-11　　　　　　图 2-12

定义 2　设函数 $y=f(x)$ 在点 x_0 的某邻域内有定义,如果当自变量的增量 $\Delta x=x-x_0$ 趋向于零时,相应的函数增量 $\Delta y=f(x_0+\Delta x)-f(x_0)$ 也趋近于零,即

$$\lim_{\Delta x \to 0} \Delta y = 0.$$

则称函数 $y=f(x)$ 在点 x_0 处连续(函数连续定义之一).

以上的定义也可用如下的描述来理解,即函数 $f(x)$ 在某一点 x_0 处自变量的改变量 Δx 为无穷小量时,函数相应的改变量 Δy 也为无穷小量.

因此,函数 $f(x)$ 在点 x_0 处连续,又可以定义为:

设函数 $y=f(x)$ 在点 x_0 的某邻域内有定义,如果 $\lim\limits_{x \to x_0} f(x) = f(x_0)$,则称函数 $f(x)$ 在点 x_0 处连续(函数连续定义之二).

例 2　证明函数 $f(x)=\begin{cases} x\sin\dfrac{1}{x}, & x \ne 0 \\ 0, & x=0 \end{cases}$,在 $x=0$ 处是连续的.

解　$f(0)=0$,

$$\lim_{x \to 0} f(x) = \lim_{x \to 0} x\sin\frac{1}{x} = 0.$$

由此可知 $\lim\limits_{x \to 0} f(x) = f(0)$,即 $f(x)$ 在 $x=0$ 处连续.

定义 3　若 $\lim\limits_{x \to x_0^-} f(x) = f(x_0)$,则称 $f(x)$ 在点 x_0 处左连续;

若 $\lim\limits_{x \to x_0^+} f(x) = f(x_0)$,则称 $f(x)$ 在点 x_0 处右连续.

显然,$f(x)$ 在点 x_0 处连续的充分必要条件是,在点 x_0 处既左连续又右连续.讨论完函数在一点处的连续性后,先给出函数在区间连续性的概念.

定义 4　如果函数 $f(x)$ 在开区间 (a,b) 内的每一点都连续,则称函数 $f(x)$ 在开区间 (a,b) 内连续;若函数 $f(x)$ 在 (a,b) 内连续,并且在左端点 a 处右连续,右端点 b 处左连续,则称函数 $f(x)$ 在闭区间 $[a,b]$ 上连续.

综上,函数在区间 I 上连续,则它是 I 上的连续函数.函数 $f(x)$ 在区间 I

注意

(1) 函数 $y=f(x)$ 在点 x_0 处连续,必须同时满足如下三个的条件:

① 函数 $y=f(x)$ 在点 x_0 处必须有定义;

② $\lim\limits_{x \to x_0} f(x)$ 存在;

③ $\lim\limits_{x \to x_0} f(x) = f(x_0)$.

(2) 函数 $f(x)$ 在点 x_0 处连续和函数 $f(x)$ 当 $x \to x_0$ 时有极限是有区别的.函数 $f(x)$ 在点 x_0 处连续能保证 $\lim\limits_{x \to x_0} f(x)$ 存在,同时还能保证 $f(x)$ 在点 x_0 有定义,并且极限值为函数值 $f(x_0)$.反之,仅当 $\lim\limits_{x \to x_0} f(x)$ 存在时,$f(x)$ 在点 x_0 处不一定连续,甚至 $f(x)$ 在 x_0 处可能没有定义(例如 2.1.2 小节中的引例2).故函数 $f(x)$ 在 $x \to x_0$ 时有极限,是 $f(x)$ 在点 x_0 处连续的必要非充分条件.

(3) 使用函数连续定义之二判断函数 $f(x)$ 在点 x_0 处的连续性运算较为简便.

上连续,其图形是一条连接不断的曲线.可以得出如下定理:

> **定理 1** 基本初等函数在其定义域区间内为连续函数.
>
> 大家所熟悉的气温,在早上和中午温差较大,但是,在很短的时间内,我们却感觉不到气温的差别,原因在于气温 T 是时间 t 的连续函数,当自变量 t 的变化量很小时,引起气温的变化量也很小.

例 3 已知函数 $f(x)=\begin{cases} x+1, & x\leqslant 0, \\ a+\mathrm{e}^x, & x>0 \end{cases}$ 在其定义域 $(-\infty,+\infty)$ 上是连续的,求 a 的值.

解 因为 $f(0)=1$,$\lim\limits_{x\to 0^-}f(x)=\lim\limits_{x\to 0^-}(x+1)=1$,

$$\lim_{x\to 0^+}f(x)=\lim_{x\to 0^+}(a+\mathrm{e}^x)=a+1.$$

若函数在其定义域上是连续的,则一定有 $\lim\limits_{x\to 0^+}f(x)=\lim\limits_{x\to 0^-}f(x)=f(0)$,即可计算得出 $a=0$.

2.4.2 函数的间断点

> **定义 5** 如果函数 $y=f(x)$ 在点 x_0 处不连续,那么称函数 $y=f(x)$ 在点 x_0 处间断,点 x_0 称为函数 $y=f(x)$ 的间断点.

注意

函数 $y=f(x)$ 在点 x_0 间断有下列三种情况:
(1) 函数 $f(x)$ 在点 x_0 处没有定义;
(2) $\lim\limits_{x\to x_0}f(x)$ 不存在;
(3) 虽然 $\lim\limits_{x\to x_0}f(x)$ 存在,但 $\lim\limits_{x\to x_0}f(x)\neq f(x_0)$.

即在点 x_0 处出现上述一种或几种情况时,点 x_0 是函数 $f(x)$ 的间断点.

例 4 考察函数 $f(x)=\dfrac{x^2-4}{x-2}$ 在点 $x=2$ 处的连续性.

解 由于函数 $f(x)=\dfrac{x^2-4}{x-2}$ 在点 $x=2$ 处无定义,因此函数 $f(x)$ 在 $x=2$ 处不连续,点 $x=2$ 是该函数的一个间断点.

例 5 考察函数 $f(x)=\begin{cases} x-1, & (x<0), \\ 0, & (x=0), \\ x+1, & (x>0) \end{cases}$ 在点 $x=0$ 处的连续性.

解 函数在点 $x=0$ 处有定义,由

$$\lim_{x\to 0^-}f(x)=\lim_{x\to 0^-}(x-1)=-1,$$

$$\lim_{x\to 0^+}f(x)=\lim_{x\to 0^+}(x+1)=1,$$

可知

$$\lim_{x\to 0}f(x) \text{ 不存在}.$$

所以函数 $f(x)$ 在 $x=0$ 处不连续,点 $x=0$ 是该函数的一个间断点.

2.4.3 初等函数的连续性

我们在前面已经提到,基本初等函数在其定义域区间内都是连续的. 例如,正弦函数 $y=\sin x$ 在定义域 $(-\infty,+\infty)$ 内是连续的. 对数函数 $y=\ln x$ 在定义域 $(0,+\infty)$ 内是连续的. 接下来,我们探讨连续函数的和、差、积、商的连续性.

根据函数在一点处连续的定义与极限的四则运算法则,可以得出以下定理:

定理 2 (1) 有限个在某点连续的函数的代数和是一个在该点连续的函数;
(2) 有限个在某点连续的函数之积是一个在该点连续的函数;
(3) 当分母不为零时,在某点连续的两个函数之商,是在该点连续的函数.

函数之间除了有四则运算之外,还存在着复合运算. 关于复合函数的连续性,我们有如下的定理:

定理 3 如果函数 $u=\varphi(x)$ 在点 x_0 处连续,而函数 $y=f(u)$ 在对应点 $u_0=\varphi(x_0)$ 处连续,那么复合函数 $y=f[\varphi(x)]$ 在点 x_0 处也是连续的. 即
$$\lim_{x \to x_0} f[\varphi(x)] = f[\lim_{x \to x_0} \varphi(x)] = f[\varphi(x_0)].$$

即求复合函数的极限时,函数记号与极限记号可以交换运算次序,也可以直接代入求值.

例 6 求极限 $\lim\limits_{x \to \frac{\pi}{8}} \tan 2x$.

解 设 $y=\tan 2x$,它是由 $y=\tan u$ 和 $u=2x$ 复合而成的函数,函数 $u=2x$ 在点 $x=\frac{\pi}{8}$ 处连续,而函数 $y=\tan u$ 在对应点 $u=2 \times \frac{\pi}{8}=\frac{\pi}{4}$ 处也连续,所以 $\lim\limits_{x \to \frac{\pi}{8}} \tan 2x = \tan\left(2 \times \frac{\pi}{8}\right) = \tan \frac{\pi}{4} = 1$.

例 7 求极限 $\lim\limits_{x \to 0} \ln[(1+x)^{\frac{1}{x}}]$.

解 设 $y=\ln[(1+x)^{\frac{1}{x}}]$,它是由 $y=\ln u$ 和 $u=(1+x)^{\frac{1}{x}}$ 复合而成的函数,因为
$$\lim_{x \to 0} u = \lim_{x \to 0}(1+x)^{\frac{1}{x}} = e,$$

而 $y=\ln u$ 在点 $u=e$ 处连续,所以,
$$\lim_{x \to 0} \ln[(1+x)^{\frac{1}{x}}] = \ln\left[\lim_{x \to 0}(1+x)^{\frac{1}{x}}\right] = \ln e = 1.$$

注意

根据函数 $f(x)$ 在间断点处单侧极限的情况,常将间断点分为以下两类:

(1) 若 x_0 是 $f(x)$ 的间断点,并且 $f(x)$ 在点 x_0 处的左极限、右极限都存在,则称 x_0 是 $f(x)$ 的第一类间断点;

(2) 若 x_0 是 $f(x)$ 的间断点,但不是第一类间断点,则称 x_0 是 $f(x)$ 的第二类间断点.

其中,在第一类间断点中,如果左极限与右极限相等,即 $\lim\limits_{x \to x_0} f(x)$ 存在,则称此间断点为可去间断点. 在第一类间断点中,如果左极限与右极限不相等,此间断点 x_0 可称为 $f(x)$ 的跳跃间断点. 在第二类间断点中,如果当 $x \to x_0$ 时,$f(x) \to \infty$,可称 x_0 为 $f(x)$ 的无穷间断点. 在第二类间断点中,如果当 $x \to x_0$ 时,$f(x)$ 的极限不存在,呈无限振荡情形,则称 x_0 为 $f(x)$ 的振荡间断点.

根据上面的叙述,我们可以得出,一切初等函数在其定义区间内都是连续的.

因此,对于初等函数 $y=f(x)$,当 x_0 是其定义域内的点时,就有 $\lim\limits_{x \to x_0} f(x) = f(x_0)$. 即求初等函数的极限时,只需把 x_0 直接代入函数式求出函数值即可.

例 8 求极限 $\lim\limits_{x \to 3} \sqrt{x^2 - 3x + 2}$.

解 因为函数 $y = \sqrt{x^2 - 3x + 2}$ 是初等函数,它的定义域是

$$(-\infty, 1] \cup [2, +\infty), \text{且 } 3 \in [2, +\infty),$$

所以

$$\lim\limits_{x \to 3} \sqrt{x^2 - 3x + 2} = \sqrt{3^2 - 3 \times 3 + 2} = \sqrt{2}.$$

课后提升

1. 判断下列函数在指定点的连续性.

(1) $y = 2x - 1$,$x = -1$;

(2) $y = \dfrac{x^2 - 1}{x - 1}$,$x = 1$;

(3) $y = \begin{cases} x \sin \dfrac{1}{x}, & x \neq 0, \\ 0, & x = 0, \end{cases}$ $(x = 0)$. 讨论在 $x = 0$ 的连续性;

(4) $y = \begin{cases} \dfrac{x^2 - 4}{x + 2}, & x \neq -2, \\ 4, & x = -2, \end{cases}$ $(x = -2)$. 讨论在 $x = -2$ 的连续性.

2. 求下列函数的间断点.

(1) $y = \dfrac{3}{x - 4}$; (2) $y = \dfrac{x - 2}{x^2 + x - 6}$;

(3) $y = \begin{cases} x - 1, & (x \leqslant 0), \\ x + 1, & (x > 0). \end{cases}$

3. 求下列极限.

(1) $\lim\limits_{x \to 2} \sqrt{x^2 - 5x + 6}$; (2) $\lim\limits_{x \to 1} \dfrac{x^2 + x - 2}{x - 1}$;

(3) $\lim\limits_{x \to \infty} e^{\frac{1}{x}}$; (4) $\lim\limits_{h \to 0} \dfrac{(x+h)^2 - x^2}{h}$.

答 案

1. (1) 连续; (2) 不连续; (3) 连续; (4) 不连续.
2. (1) $x = 4$; (2) $x = 2, x = -3$; (3) $x = 0$.
3. (1) 0; (2) 3; (3) 1; (4) $2x$.

知识小结

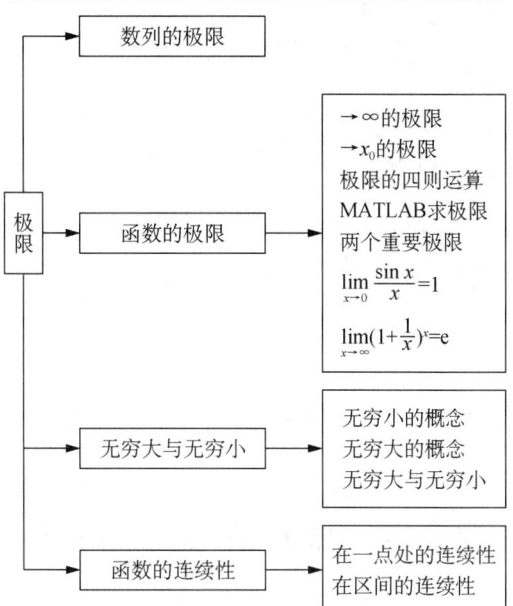

能力提升

1. 填空题

(1) $\lim\limits_{x \to -1} \dfrac{x^2 - 2x - 3}{x+1} = $ _____.

(2) $\lim\limits_{x \to \infty} \dfrac{1}{x} \sin x = $ _____.

(3) $\lim\limits_{x \to 0} x \sin \dfrac{1}{x} = $ _____.

(4) $\lim\limits_{x \to 1}(ax - 3) = 2$,则 $a = $ _____.

(5) $\lim\limits_{x \to 0}(1+x)^{\frac{2}{x}} = $ _____.

(6) 函数 $y = \dfrac{x^2 - x - 2}{x+1}$ 的连续区间是 _____.

(7) 函数在一点极限是否存在与函数在这一点是否有定义 _____.

(8) $\lim\limits_{x \to \infty} \dfrac{5x^3 - 2x - 1}{x^3 + 3x^2 - 4} = $ _____.

(9) 设 $f(x) = \begin{cases} x^2 + 1, & x \neq 0 \\ k, & x = 0 \end{cases}$,在 $x = 0$ 处连续,则 $k = $ _____.

(10) 函数 $f(x) = \begin{cases} x + 1, & x > 0 \\ \sin x, & x \leqslant 0 \end{cases}$ 的间断点是 _____.

2. 计算题

(1) 求下列极限.

① $\lim\limits_{x\to 1}(x^2+3x-2)$;   ② $\lim\limits_{x\to 2}\dfrac{x^2-1}{x+1}$;

③ $\lim\limits_{x\to 1}\dfrac{x^2-1}{x-1}$;   ④ $\lim\limits_{x\to\infty}\dfrac{x-1}{x^2+2}$;

⑤ $\lim\limits_{x\to\infty}\dfrac{3x^2+5}{4-7x^2}$;   ⑥ $\lim\limits_{x\to 0}\dfrac{\sin 3x}{2x}$;

⑦ $\lim\limits_{x\to\infty}\left(1+\dfrac{2}{x+1}\right)^{x+1}$;   ⑧ $\lim\limits_{x\to\infty}\left(1+\dfrac{1}{2x}\right)^x$.

(2) 设函数 $f(x)=\begin{cases} x\sin\dfrac{1}{x}+b, & x<0, \\ a, & x=0, \\ \dfrac{\sin x}{x}, & x>0. \end{cases}$

问:① 当 a,b 分别为何值时,$f(x)$ 在 $x\to 0$ 时的极限存在;② 当 a,b 分别为何值时,$f(x)$ 在 $x=0$ 处连续.

答 案

1. (1) -4; (2) 0; (3) 0; (4) 5; (5) e^2; (6) $(-\infty,-1)\cup(-1,+\infty)$; (7) 无关; (8) 5; (9) 1; (10) $x=0$.

2. (1) ① 2; ② 1; ③ 2; ④ 0; ⑤ $-\dfrac{3}{7}$; ⑥ $\dfrac{3}{2}$; ⑦ e^2; ⑧ $\sqrt{e}$.

(2) ① $a\in R, b=1$;   ② $a=b=1$.

模块 3

空间解析几何

3.1 空间直角坐标系
3.2 空间向量
3.3 空间直线及平面
3.4 常见曲面方程

建筑设计应用了大量数学空间解析几何知识,一些数学图形在建筑中的体现,使得建筑物典雅、对称、美观、新颖.我们应用积分学的基础知识,可以探讨空间解析几何知识在建筑设计中的应用,计算这些数学图形的弧长、表面积和体积.在已知建筑物的弧长、表面积、体积的情况下,考虑建筑材料的密度、价格,则可计算出所需的建筑材料的数量及建筑材料大致所需的资金,从而为工程预算提供科学合理的依据.

案例1　现代世界七大奇迹之港珠澳大桥

港珠澳大桥(图3-1)全长55 km,集桥、岛、隧于一体,它是世界建筑史上里程最长、投资最多、施工难度最大,也是最长的跨海大桥.从2004年3月前期工作协调小组办公室成立,到2009年12月15日正式开工建设,港珠澳大桥从设计到建设前后历时14年.它被英国卫报评为"新的世界七大奇迹"之一.在港珠澳大桥工程中,岛隧工程项目是难度最大的地方,12年前,岛隧工程总工程师林鸣曾找到当时世界上在沉管安装领域最好的一家荷兰公司谈合作,对方开出天价1.5亿欧元(约15亿元人民币).经过多次谈判,谈判员提出3亿元人民币,却遭到荷兰人拒绝,他们说:"我给你们唱首歌,唱首祈祷歌,你们去找上帝吧."与荷兰人谈崩后,林鸣带领团队自主攻关,解决了多个世界难题,最终实现了工程设计零借鉴、安装零失误.针对港澳靠左行驶,大陆靠右行驶的规则,设计师将大桥设计成了麻花状,比如内地的车靠右行驶,通过麻花状的路线,从大桥的下面穿过,又上来,这样本来在右面行驶的车就变成了靠左行驶.大桥全路段呈"S形曲线",既能缓解司机驾驶疲劳,还能提升建筑美观度.在做设计预算时需考虑桥梁的长度与所占面积,针对此类问题,我们可用$y=kx^3$(图3-2)模拟大桥,可在通过测量后,描绘出图像,从而完成弧长的精准预算.

图3-1　港珠澳大桥

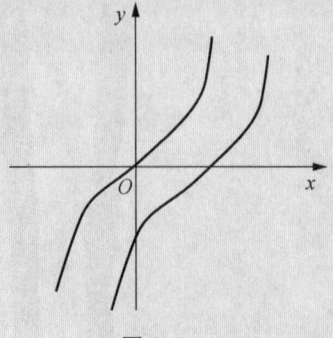

图3-2

案例 2　世界上最伟大的螺旋楼梯

螺旋楼梯是一种应用广泛的曲线楼梯. 其优点是占用空间小、用材轻便、造型美观且易于安装和改造, 它来自于数学中螺旋线的创意. 梵蒂冈博物馆的螺旋楼梯(图3-3)是世界上最著名的螺旋线楼体之一, 1932年由杰赛普设计, 宽阔的台阶位于坡道和楼梯之间, 楼梯实际上是两条独立的螺旋线, 一条在前, 另一条在下, 在双螺旋结构中扭曲在一起, 更加神奇的是, 这种设计恰巧与现代生物科学中的双螺旋DNA链相符. 另一组非常著名的螺旋楼梯是位于英格兰格林威治的女王之家的"郁金香楼梯"(图3-4), 它们没有中央支撑, 但是在这里它们由墙壁悬挂支撑, 每一步都搁在下面的一个台阶上. 了解螺旋线的特征与性质有助于提高楼梯的稳固性, 使其更加安全.

图 3-3　梵蒂冈博物馆的螺旋楼梯

图 3-4　郁金香楼梯

案例 3　圣路易弧形拱门与赵州桥

一些大型景观建筑物常用抛物线设计. 圣路易弧形拱门在密苏里州, 1965年建成竣工. 拱门高达192 m, 人们在几里之外便可望见其雄姿. 拱门系用钢板制成, 恰似一道长虹冠然飞架于大地之上. 这种设计以钢筋为结构支撑, 上面覆盖以钢化玻璃或合金, 透光可见度好, 反射光泽, 美观对称, 如图3-5所示. 中国也有类似的抛物形建筑, 例如赵州桥(图3-6), 建于隋朝开皇十一年至开皇十九年(公元591—599年)之间, 由著名匠师李春设计建造, 距今已有1 400多年的历史, 是中国古代最坚固的石桥之一, 是当今世界上现存最早保存最完整的古代单孔敞肩石拱桥, 其坚固性与抛物线的几何特性是相关的. 在建筑设计与预算中常常要考虑弧长、弧线与水平轴所围面积. 而这种弧线一般符合抛物线, 学习抛物线的性质, 有助于精确预算, 增加建筑的稳固性.

图 3-5　圣路易弧形拱门

图 3-6　赵州桥

案例 4　火力发电厂的"冷却塔"为何要做成旋转双曲线

图 3-7　双曲线型冷却塔

双曲线型冷却塔(图 3-7)占地面积小,布置紧凑,水量损失小,且冷却效果不受风力影响,英国最早使用这种冷却塔.冷却塔由集水池、支柱、塔身和淋水装置组成.集水池多为在地面下约 2 m 深的圆形水池.塔身为有利于自然通风的双曲线形无肋无梁柱的薄壁空间结构,多用钢筋混凝土制造,塔高最高已达 170 m.塔内上部为风筒,标高 10 m 以下为配水槽和淋水装置.淋水装置是使水蒸发散热的主要设备.运行时,水从配水槽向下流淋滴溅,空气从塔底侧面进入,与水充分接触后带着热量向上排出.冷却过程以蒸发散热为主,一小部分为对流散热.此外,建筑的外围要承重、维持结构,这个结构既简单又牢固.广州电视塔(图 3-8)也是采用这种结构,既实用又美观.每一条承重的柱子都是直的,"一扭"就成了双曲面.

图 3-8　广州电视塔

3.1 空间直角坐标系

直线上一点的位置,只需用一个实数 x 来决定,这就是数轴上点的坐标;平面上一点的位置,需要两个有序实数 (x,y),这就是平面直角坐标系中点的坐标;那么,若想确定空间一点的位置,如何表示呢? 本节将通过空间直角坐标系,建立空间中的点与有序实数组之间的关系,即空间中的点与其坐标之间的关系.

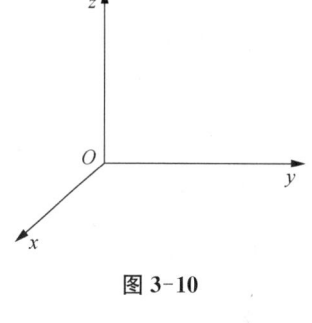

图 3-9

3.1.1 空间直角坐标系

给定空间一点 O,过该点引出三条互相垂直的数轴 Ox,Oy,Oz(它们通常具有相同的长度单位). 称点 O 为坐标原点;三条轴 Ox,Oy,Oz 统称为坐标轴,分别简称为横轴(或 x 轴)、纵轴(或 y 轴)和竖轴(或 z 轴,也称为立轴);三个坐标轴的方向符合右手坐标系,即以右手四指握拳方向,沿 Ox 轴正向到 Oy 轴正向握住 Oz 轴,拇指伸开的方向为 Oz 轴的正向(图 3-9). 这样就构成了空间直角坐标系,记作 $Oxyz$. 下面给出坐标面的定义及卦限的分类.

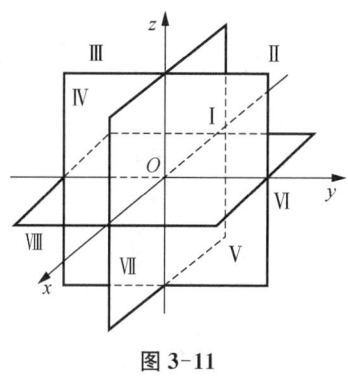

图 3-10

定义 1 将由三个坐标轴 Ox,Oy,Oz 两两决定的三个互相垂直的平面统称为坐标平面,由 Ox,Oy 轴组成的平面叫作 Oxy 平面,由 Oy,Oz 轴组成的平面叫作 Oyz 平面,由 Oz,Ox 轴组成的平面叫作 Ozx 平面;如图 3-10 所示.

定义 2 将以上三个平面将空间划分成的八个部分,称为空间直角坐标系的八个卦限,八个卦限用下述方法规定其顺序,如图 3-11 所示.

第 Ⅰ 卦限 $x>0$,$y>0$,$z>0$; 第 Ⅴ 卦限 $x>0$,$y>0$,$z<0$;
第 Ⅱ 卦限 $x<0$,$y>0$,$z>0$; 第 Ⅵ 卦限 $x<0$,$y>0$,$z<0$;
第 Ⅲ 卦限 $x<0$,$y<0$,$z>0$; 第 Ⅶ 卦限 $x<0$,$y<0$,$z<0$;
第 Ⅳ 卦限 $x>0$,$y<0$,$z>0$; 第 Ⅷ 卦限 $x>0$,$y<0$,$z<0$.

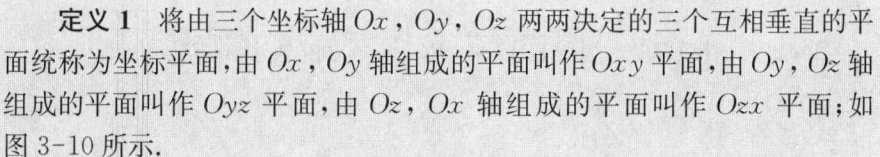

图 3-11

从以上卦限顺序的规定,我们发现卦限的顺序与象限的顺序有密切的联系. 第一象限的上方和下方分别为第 Ⅰ 卦限和第 Ⅴ 卦限,第二象限的上方和下方分别为第 Ⅱ 卦限和第 Ⅵ 卦限,其他依次类推.

注意

位于坐标平面或坐标轴上的点不属于任何卦限.

3.1.2 空间点的直角坐标

给定了空间直角坐标系后,就可建立空间的点与由三个数组成的有序数组之间的一一对应关系. 下面给出空间中一点坐标的概念.

定义 3 设 M 为空间中的任一点,过点 M 分别作垂直于三个坐标轴的三个平面的垂线,与 x 轴,y 轴和 z 轴依次交于 A,B,C 三点,若这三点在 x 轴,y 轴,z 轴上的坐标分别为 x,y,z,于是点 M 就唯一确定了一个有序数组 (x,y,z),则称该数组 (x,y,z) 为点 M 的横坐标、纵坐标和竖坐标,如图 3-12 所示.

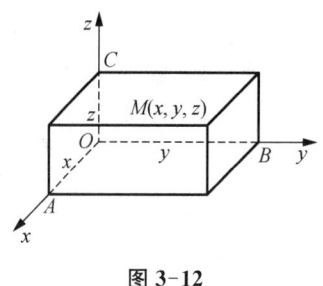

图 3-12

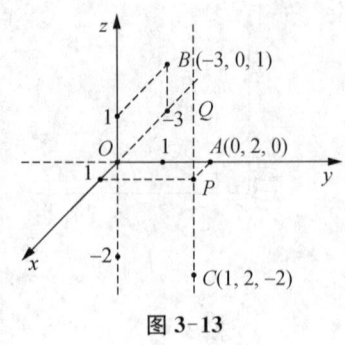

图 3-13

注意

(1) 若任意给定一个有序数组 (x, y, z)，在 x 轴，y 轴，z 轴上分别取坐标为 x，y，z 的三个点 A，B，C，过这三个点分别作垂直于三个坐标轴的平面，这三个平面只有一个交点 M，该点就是以有序数组 (x, y, z) 为坐标的点，因此空间中的点 M 就与有序数组 (x, y, z) 之间建立了一一对应的关系.

(2) 一些特殊点的坐标列举如下：

在 x 轴上点的坐标为 $(x, 0, 0)$；在 y 轴上点的坐标为 $(0, y, 0)$；在 z 轴上点的坐标为 $(0, 0, z)$；

原点的坐标为 $(0, 0, 0)$；

在 Oxy 平面上点的坐标为 $(x, y, 0)$；在 Oyz 平面上点的坐标为 $(0, y, z)$；在 Ozx 平面上点的坐标为 $(x, 0, z)$.

在由坐标 (x, y, z) 找出对应点 M 的过程中，我们也可以采取这样的方法，即先从熟悉的平面直角坐标系 xOy 出发，在平面直角坐标系 xOy 中找出点 $P(x, y)$，也即空间直角坐标系中的点 $P(x, y, 0)$，然后过点 P 作 Oz 轴的平行线，根据 z 的正负，在此平行线上点 P 的上方或下方取相应的长度 $|z|$，即得到点 $M(x, y, z)$.

例 1 在空间直角体系 $Oxyz$ 中，画出点 $A(0, 2, 0)$，$B(-3, 0, 1)$，$C(2, 1, -2)$.

解 根据点 A、B 的坐标特征可知：A 点在 y 轴上，B 点在 xOz 平面上. 画点 C 时，先在 x 轴的正方向上取 2 个单位的点，y 轴的正方向上取 1 个单位的点，过这两点在 xOy 平面上分别作 y 轴与 x 轴的平行线，交于点 P，过 P 作 Oz 的平行线 PQ，在直线 PQ 上，点 P 的下方取 2 个单位便得到点 C（图 3-13）.

例 2 求点 $A(2, -1, 3)$ 关于各坐标平面对称的点的坐标.

解 点 $A(2, -1, 3)$ 关于 xOy 平面对称的点的坐标为 $(2, -1, -3)$，关于 yOz 平面对称的点的坐标为 $(-2, -1, 3)$，关于 zOx 对称的点的坐标为 $(2, 1, 3)$.

例 3 求点 $A(1, 3, -2)$ 到 xOy 平面及 y 轴的距离.

解 点 A 到 xOy 平面的距离即为点 A 的竖坐标的绝对值，即 A 到 xOy 平面的距离为 2.

过点 A 作 $AB \perp xOy$ 平面，如图 3-14 所示，垂足为 B，过 B 作 $BC \perp y$ 轴，垂足为 C，由三垂线定理知，$AC \perp y$ 轴，则 $|AC|$ 即点 A 到 y 轴的距离，在直角三角形 ABC 中

$$|AC| = \sqrt{|AB|^2 + |BC|^2} = \sqrt{2^2 + 1^2} = \sqrt{5}.$$

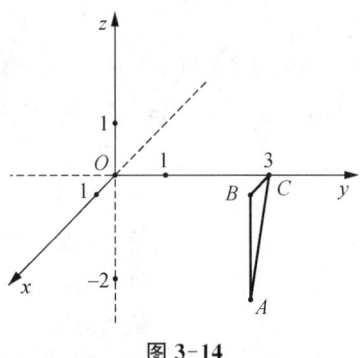

图 3-14

3.1.3 空间两点之间的距离

现给出空间中两点间的距离公式：

设 $M(x_1, y_1, z_1)$，$N(x_2, y_2, z_2)$ 为空间两点，则 M 与 N 之间的距离为

$$d = \sqrt{(x_2 - x_1)^2 + (y_2 - y_1)^2 + (z_2 - z_1)^2}.$$

例 4 已知两点 $(-2, 0, 2)$，$(3, -2, 4)$，求两点间的距离.

解 将坐标代入空间中两点的距离公式得

$$d = \sqrt{(3+2)^2 + (-2-0)^2 + (4-2)^2} = \sqrt{33}.$$

例 5 在 z 轴上求与两点 $A(-2,1,5)$ 和 $B(1,3,-1)$ 等距离的点.

解 因为所求的点在 z 轴上,所以设该点为 $M(0,0,z)$,由题意知
$$|MA|=|MB|,$$
即
$$\sqrt{(-2-0)^2+(1-0)^2+(5-z)^2}=\sqrt{(1-0)^2+(3-0)^2+(-1-z)^2},$$
两端平方去掉根号,解得
$$z=\frac{19}{12}.$$

即所求的点为 $M\left(0,0,\frac{19}{12}\right)$.

课后提升

1. 指出下列各点在空间直角坐标系的哪个卦限?
   (1) $(-1,2,3)$;   (2) $(1,2,-3)$;   (3) $(-2,1,-3)$.
2. 求点 $(1,-2,-3)$ 关于各坐标平面对称的点的坐标.
3. 求点 $(1,-2,-3)$ 关于各坐标轴对称的点的坐标.
4. 求下列各对点间的距离:
   (1) $A(0,1,3)$ 与 $B(-2,-1,4)$;   (2) $C(1,-4,2)$ 与 $D(2,-7,3)$.
5. 求点 $A(2,-3,4)$ 与原点、各坐标平面和各坐标轴的距离.

答 案

1. (1) 第二卦限; (2) 第五卦限; (3) 第六卦限.
2. 关于 Oxy 平面对称的点 $(1,-2,3)$;
   关于 Oyz 平面对称的点 $(-1,-2,-3)$;
   关于 Oxz 平面对称的点 $(1,2,-3)$.
3. 关于 x 轴对称的点 $(1,2,3)$;
   关于 y 轴对称的点 $(-1,-2,3)$;
   关于 z 轴对称的点 $(-1,2,-3)$.
4. (1) 3; (2) $\sqrt{11}$.
5. 与原点的距离为 $\sqrt{29}$;与 Oxy 平面的距离为 4;与 Oyz 平面的距离为 2;
   与 Oxz 平面的距离为 3;与 x 轴的距离为 5;与 y 轴的距离为 $2\sqrt{5}$;
   与 z 轴的距离为 $\sqrt{13}$.

3.2 空间向量

3.2.1 向量的概念及运算

1. 向量的基本概念

向量是用代数方法研究几何图形的基本工具. 在实际问题中所遇到的量可分为两种:一种是只有大小的量,叫作数量. 如质量、时间、面积、温度等,它们在取定一个度量单位后,就可以用一个数来表示. 另一种是不仅有大小而且还有方向的量,叫作向量(或矢量). 如力、位移、速度、加速度等,仅仅用一个实数是无法将它们确切表示出来,因为它们不仅有大小,而且还有方向.

我们通常用一个带箭头的线段（有向线段）$\overrightarrow{AB}$ 来表示向量,A 称为向量起点,B 称为向量终点,有向线段的长度就表示向量的大小,有向线段的方向就表示向量的方向. 如果没有必要表示向量的起点和终点,也可以用黑体小写字母 a,b,c,… 来表示向量,手写时写成 $\vec{a},\vec{b},\vec{c},…$.

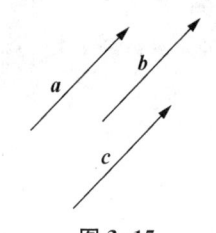

图 3-15

注意

（1）由于向量包括大小和方向两个要素,两个向量是不能比较大小的.

（2）与向量 a 大小相等,方向相反的向量叫做 a 的负向量（或反向量）,记作 $-a$. 平行于同一直线的一组向量称为平行向量,零向量与任一向量平行.

定义 1 向量的大小就称为向量的模,记作 $|\overrightarrow{AB}|$,$|a|$ 等.

其中,模为 1 的向量叫作单位向量. 模为 0 的向量叫作零向量,记作 **0**. 我们规定,零向量的方向不确定,可以是任意方向. 注意此处的 **0** 是一个向量,应当用粗体表示,手写时要写成 $\vec{0}$.

由于向量包括大小和方向两个要素,因此,两个向量相等必须满足:如果两个向量 a 和 b 的模相等,彼此平行而且其指向相同,则称两个向量 a 和 b 相等,记做 $a=b$（图 3-15）.

2. 向量的线性运算

法则 1（向量的加法） 对于向量 a,b,从同一起点 A 作有向线段 $\overrightarrow{AB}$,$\overrightarrow{AD}$ 分别表示 a 与 b,然后以 $\overrightarrow{AB}$,$\overrightarrow{AD}$ 为邻边作平行四边形 $ABCD$,则我们把从起点 A 到顶点 C 的向量 $\overrightarrow{AC}$ 称为向量 a 与 b 的和,记作 $a+b$.

这种求和的方法称为平行四边形法则（图 3-16）.

由于向量可以平移,所以,仍如上图所示,若将向量 b 平移至 $\overrightarrow{BC}$ 的位置,使其起点与向量 a 的终点 B 重合,则以 a 的起点 A 为起点,b 的终点 C 为终点的向量 $\overrightarrow{AC}$ 就是 a 与 b 的和,该法则称为三角形法则（图 3-17）.

注意

对于任意向量 a,b,c,有以下运算法则：

$a+b=b+a$（交换律）;$(a+b)+c=a+(b+c)$（结合律）;

$a+0=a$

$a+(-a)=0$.

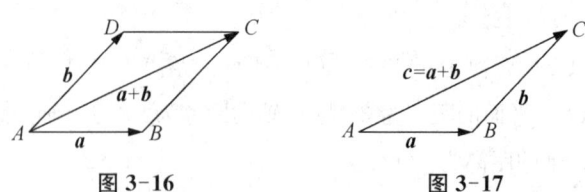

图 3-16　　　图 3-17

三角形法则告诉我们,向量求和时可以用首尾相接的方法. 例如,如果求多个向量 a,b,c,d 的和,就可以把 a,b,c,d 首尾相接,则从第一个向量的起点到最后一个向量的终点的向量就是它们的和：$a+b+c+d$（图 3-18）.

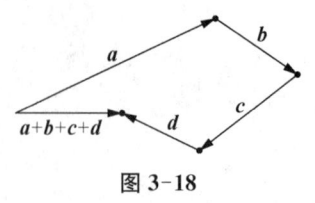

图 3-18

法则 2(向量的减法) 向量 a 与 b 的负向量 $-b$ 的和,称为向量 a 与 b 的差,即 $a-b=a+(-b)$.

由向量减法定义,我们从同一起点 O 作有向线段 $\overrightarrow{OA}$,$\overrightarrow{OB}$ 分别表示 a,b,则

$$a-b=\overrightarrow{OA}-\overrightarrow{OB}=\overrightarrow{OA}+(-\overrightarrow{OB})=\overrightarrow{OA}+\overrightarrow{BO}=\overrightarrow{BO}+\overrightarrow{OA}=\overrightarrow{BA}.$$

即若向量 a 与 b 的起点放在一起,则 a,b 的差向量就是以 b 的终点为起点,以 a 的终点为终点的向量(图 3-19).

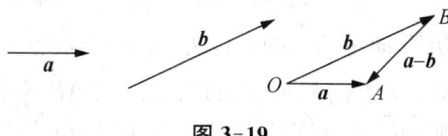

图 3-19

法则 3(数乘向量) 实数 λ 与向量 a 的乘积是一个向量,记作 λa,λa 的模是 a 的模的 $|\lambda|$ 倍,即 $|\lambda a|=|\lambda||a|$.

λa 的方向如下:当 $\lambda>0$ 时,λa 与 a 同向;当 $\lambda<0$ 时,λa 与 a 反向;当 $\lambda=0$ 时,$\lambda a = \mathbf{0}$.

3. 向量的坐标表示

定义 2 取空间直角坐标系 $Oxyz$,在 x 轴,y 轴,z 轴上各取一个与坐标同向的单位向量,称为基本单位向量,依次记作 i,j,k.

下面我们来考察空间中的一个向量 a 是否可以用 i,j,k 的某种运算方式来表示. 先考察当向量 a 的起点在原点的情况,此时我们记 $a=\overrightarrow{OM}$,这时它的起点为 O,终点为 $M(x,y,z)$. 过点 M 作三个平面,分别垂直于三个坐标轴,并相交于点 P,Q,R,并把点 M 在平面 xOy 上的投影点记作 N. 于是有 $\overrightarrow{OP}=xi$,$\overrightarrow{OQ}=yj$,$\overrightarrow{OR}=zk$,如图 3-20 所示.

由向量加法得

$$\overrightarrow{OM}=\overrightarrow{ON}+\overrightarrow{NM}=\overrightarrow{OP}+\overrightarrow{OQ}+\overrightarrow{OR}=xi+yj+zk.$$

这样,我们就通过 i,j,k 各自的数乘之和表示出了向量. 我们把这个结果叫做向量 $\overrightarrow{OM}$ 的坐标表示. 而这组有序实数 x,y,z 叫做向量 $\overrightarrow{OM}$ 的坐标,记为 $\overrightarrow{OM}=\{x,y,z\}$. 此时,该向量 $\overrightarrow{OM}$ 的模为

$$|\overrightarrow{OM}|=\sqrt{|\overrightarrow{ON}|^2+|\overrightarrow{NM}|^2}=\sqrt{|\overrightarrow{OP}|^2+|\overrightarrow{OQ}|^2+|\overrightarrow{OR}|^2}$$
$$=\sqrt{x^2+y^2+z^2}.$$

下面我们把向量的起点推广到任意点,考察在一般情况下如何用坐标表示向量. 设 $a=\overrightarrow{PQ}$,其中 $P(x_1,y_1,z_1)$,$Q(x_2,y_2,z_2)$,则根据上面的结论,可知 $\overrightarrow{OP}=x_1i+y_1j+z_1k$,$\overrightarrow{OQ}=x_2i+y_2j+z_2k$,而 $\overrightarrow{PQ}=\overrightarrow{OQ}-\overrightarrow{OP}$,所以根据向量的运算法则,可以得到 $\overrightarrow{PQ}=(x_2-x_1)i+(y_2-y_1)j+(z_2-z_1)k$. 可以看出,此时 $\overrightarrow{PQ}$ 也可以用 i,j,k 各自的数乘之和来表示,那么我们可以记作

$$\overrightarrow{PQ}=\{x_2-x_1,y_2-y_1,z_2-z_1\}.$$

注意

(1) 对于任意向量 a,b 以及任意实数 λ,μ,有以下运算法则:

$(\lambda\mu)a=\lambda(\mu a)$(结合律);

$(\lambda+\mu)a=\lambda a+\mu a$(对数量的分配律);

$\lambda(a+b)=\lambda a+\lambda b$(对向量的分配律).

(2) 由实数与向量相乘的定义可以得出如下结论:如果把与 a 同向,模为 1 的向量叫作 a 的单位向量,记作 $a°$,那么有 $a=|a|a°$,或 $a°=\dfrac{a}{|a|}$.

(3) 向量 a 与非零向量 b 平行的充分必要条件是存在一个实数 λ,使得 $a=\lambda b$.

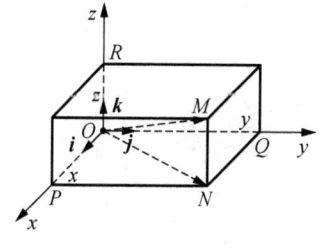

图 3-20

即向量 $\overrightarrow{PQ}$ 的坐标等于终点 Q 点坐标减去起点 P 点坐标.

因而我们得到一般结论:对任意起点的向量,它的坐标等于它的终点坐标减去起点坐标.

当向量起点位于原点时,我们可以认为它的坐标 $\overrightarrow{OM}=\{x,y,z\}$ 是终点坐标 (x,y,z) 减去起点坐标 $(0,0,0)$ 而得到的.因此,定位向量的坐标仍然符合一般向量坐标的规律.

下面我们用向量的方法来推导出空间中两点的距离公式,看与 3.1.3 小节得出的是否相同.

空间中有两点 $A(x_1,y_1,z_1),B(x_2,y_2,z_2)$,那么它们之间的距离可以理解为向量 $\overrightarrow{AB}$ 的模.向量 $\overrightarrow{AB}$ 的坐标为 $\{x_2-x_1,y_2-y_1,z_2-z_1\}$.由于向量作平移后其大小和方向都不变,那么我们把 $\overrightarrow{AB}$ 平移,它的起点移动到原点,终点记为 C,则 $\overrightarrow{OC}$ 和 $\overrightarrow{AB}$ 是相等向量,因此 $\overrightarrow{OC}$ 的坐标同样为 $\{x_2-x_1,y_2-y_1,z_2-z_1\}$.

根据定位向量的模的结论,有

$$|\overrightarrow{OC}|=\sqrt{(x_2-x_1)^2+(y_2-y_1)^2+(z_2-z_1)^2}.$$

故

$$|\overrightarrow{AB}|=|\overrightarrow{OC}|=\sqrt{(x_2-x_1)^2+(y_2-y_1)^2+(z_2-z_1)^2}.$$

即两点 A、B 间的距离为 $\sqrt{(x_2-x_1)^2+(y_2-y_1)^2+(z_2-z_1)^2}$.

综上,我们也可以看出,关于定位向量的模的结论,可以推广到一般情况.即对于任意起点的向量,它的模也等于向量坐标的平方和再开平方.

例1 已知两点 $A(\sqrt{2},1,-3),B(0,-2,2)$,求和 $\overrightarrow{AB}$ 方向相同的单位向量.

解 因为 $\overrightarrow{AB}=(0-\sqrt{2})\boldsymbol{i}+(-2-1)\boldsymbol{j}+(2+3)\boldsymbol{k}=-\sqrt{2}\boldsymbol{i}-3\boldsymbol{j}+5\boldsymbol{k}$,所以

$$|\overrightarrow{AB}|=\sqrt{(-\sqrt{2})^2+(-3)^2+5^2}=6.$$

设 $\boldsymbol{a}°$ 为与 $\overrightarrow{AB}$ 方向相同的单位向量,那么

$$\boldsymbol{a}°=\frac{\overrightarrow{AB}}{|\overrightarrow{AB}|}=-\frac{\sqrt{2}}{6}\boldsymbol{i}-\frac{1}{2}\boldsymbol{j}+\frac{5}{6}\boldsymbol{k}.$$

为了使计算简便,在学习了向量坐标的基础上,就可以把向量的运算转化为代数运算.本节我们利用向量坐标,并结合以前学习的向量的运算律,得出向量的线性运算法则.

法则4 设在平面直角坐标系 $Oxyz$ 中,向量 $\boldsymbol{a}=\{x_1,y_1,z_1\}$ 及 $\boldsymbol{b}=\{x_2,y_2,z_2\}$,则由向量坐标定义有

$$\boldsymbol{a}=x_1\boldsymbol{i}+y_1\boldsymbol{j}+z_1\boldsymbol{k},\boldsymbol{b}=x_2\boldsymbol{i}+y_2\boldsymbol{j}+z_2\boldsymbol{k},$$

因此

$$\boldsymbol{a}\pm\boldsymbol{b}=(x_1\boldsymbol{i}+y_1\boldsymbol{j}+z_1\boldsymbol{k})\pm(x_2\boldsymbol{i}+y_2\boldsymbol{j}+z_2\boldsymbol{k})$$
$$=(x_1\pm x_2)\boldsymbol{i}+(y_1\pm y_2)\boldsymbol{j}+(z_1\pm z_2)\boldsymbol{k};$$

$$\lambda\boldsymbol{a}=\lambda(x_1\boldsymbol{i}+y_1\boldsymbol{j}+z_1\boldsymbol{k})=(\lambda x_1)\boldsymbol{i}+(\lambda y_1)\boldsymbol{j}+(\lambda z_1)\boldsymbol{k}.$$

所以 $a \pm b$ 与 λa 的坐标分别为

$$\{x_1 \pm x_2, y_1 \pm y_2, z_1 \pm z_2\} \text{ 与 } \{\lambda x_1, \lambda y_1, \lambda z_1\}.$$

也就是说,向量的和(差)向量的坐标等于它们的坐标的和(差),数乘向量 λa 的坐标等于数 λ 乘以 a 的坐标.

容易证明:向量 $a = \{x_1, y_1, z_1\}$ 与 $b = \{x_2, y_2, z_2\}$ 平行的充要条件是其对应坐标成正比,即

$$\frac{x_1}{x_2} = \frac{y_1}{y_2} = \frac{z_1}{z_2}.$$

若某个分母为零时,我们约定相应的分子也为零.

例 2 设向量 $a = \{1, 2, 1\}$,向量 $b = \{3, 1, -1\}$,向量 $c = \{1, m, n\}$ 与向量 $2a - 3b$ 平行,求 m, n 的值.

解 $2a = \{2, 4, 2\}$,$3b = \{9, 3, -3\}$,$2a - 3b = \{-7, 1, 5\}$,由向量平行的充要条件知

$$\frac{-7}{1} = \frac{1}{m} = \frac{5}{n},$$

所以

$$m = -\frac{1}{7}, n = -\frac{5}{7}.$$

3.2.2 向量的数量积与向量积

1. 向量的数量积

在物理学中我们知道,当物体在恒力 F 的作用下,由 A 点沿直线移到 B 点,若力 F 与位移向量 $\overrightarrow{AB}$ 的夹角为 θ,则力 F 所做的功为

$$W = |F| \cdot |\overrightarrow{AB}| \cdot \cos\theta.$$

这样由向量 F 和 $\overrightarrow{AB}$ 就决定一个数量 $|F| \cdot |\overrightarrow{AB}| \cdot \cos\theta$,这种向量间的运算关系,我们抽象为两个向量的数量积.

注意

两个向量的数量积是一个数.

> **定义 3** 设 a, b 为空间中的两个非零向量,则数
>
> $$|a||b|\cos\langle a, b\rangle.$$
>
> 叫作向量 a 与 b 的数量积(也称内积或点积),记作 $a \cdot b$,读作"a 点乘 b".即
>
> $$a \cdot b = |a||b|\cos\langle a, b\rangle.$$
>
> 其中 $\langle a, b \rangle$ 表示向量 a 与 b 的夹角,并且规定 $0 \leqslant \langle a, b \rangle \leqslant \pi$.

数量积的运算满足如下运算性质:

性质 1 对于任意向量 a, b 及任意实数 λ,有

(1) 交换律:$a \cdot b = b \cdot a$;

(2) 分配律:$a \cdot (b + c) = a \cdot b + a \cdot c$;

(3) 与数乘结合律：$(\lambda a)\cdot b=\lambda(a\cdot b)=a\cdot(\lambda b)$.

由性质(2)与(3)可得推论：向量的两个线性组合的数量积可以按多项式相乘的法则展开．

例3 对于基本单位向量 i，j，k，求 $i\cdot i$，$j\cdot j$，$k\cdot k$，$i\cdot j$，$j\cdot k$，$k\cdot i$.

解 根据基本单位向量的特点和向量数量积的定义，得
$$i\cdot i=j\cdot j=k\cdot k=1,$$
$$i\cdot j=j\cdot k=k\cdot i=0.$$

在空间直角坐标系下，设向量 $a=\{x_1,y_1,z_1\}$，向量 $b=\{x_2,y_2,z_2\}$，即
$$a=x_1 i+y_1 j+z_1 k,$$
$$b=x_2 i+y_2 j+z_2 k.$$

则
$$\begin{aligned}a\cdot b&=(x_1 i+y_1 j+z_1 k)\cdot(x_2 i+y_2 j+z_2 k)\\&=x_1 x_2(i\cdot i)+x_1 y_2(i\cdot j)+x_1 z_2(i\cdot k)+\\&\quad y_1 x_2(j\cdot i)+y_1 y_2(j\cdot j)+y_1 z_2(j\cdot k)+\\&\quad z_1 x_2(k\cdot i)+z_1 y_2(k\cdot j)+z_1 z_2(k\cdot k).\end{aligned}$$

由于
$$i\cdot i=j\cdot j=k\cdot k=1,$$
$$i\cdot j=j\cdot k=k\cdot i=0,$$

所以
$$a\cdot b=x_1 x_2+y_1 y_2+z_1 z_2.$$

也就是说，在直角坐标系下，两向量的数量积等于它们对应坐标分量的乘积之和．

同样，利用向量的直角坐标也可以求出向量的模、两向量的夹角公式以及两向量垂直的充要条件，即

设非零向量 $a=\{x_1,y_1,z_1\}$，向量 $b=\{x_2,y_2,z_2\}$，则
$$|a|=\sqrt{a\cdot a}=\sqrt{x_1^2+y_1^2+z_1^2}.$$
$$\cos\langle a,b\rangle=\frac{a\cdot b}{|a||b|}=\frac{x_1 x_2+y_1 y_2+z_1 z_2}{\sqrt{x_1^2+y_1^2+z_1^2}\times\sqrt{x_2^2+y_2^2+z_2^2}}.$$
$$a\perp b\Leftrightarrow x_1 x_2+y_1 y_2+z_1 z_2=0.$$

例4 已知三点 $A(1,1,1)$，$B(2,1,2)$ 和 $C(2,2,1)$，计算向量 $\overrightarrow{AB}$ 与 $\overrightarrow{AC}$ 的夹角．

解 因为 $\overrightarrow{AB}=\{1,0,1\}$，$\overrightarrow{AC}=\{1,1,0\}$，且 $|\overrightarrow{AB}|=\sqrt{2}$，$|\overrightarrow{AC}|=\sqrt{2}$，
$$\overrightarrow{AB}\cdot\overrightarrow{AC}=1\times 1+0\times 1+1\times 0=1.$$

>
> **注意**
> 一般情况下，向量之间的数量积不满足结合律，即 $(a\cdot b)\cdot c\neq a\cdot(b\cdot c)$. 同学们可以试举一例来说明．

>
> **注意**
> (1) $a\cdot a=|a||a|=\sqrt{a\cdot a}\cdot\sqrt{a\cdot a}$；
> (2) 对于两个非零向量 a，b，有 $\cos\langle a,b\rangle=\dfrac{a\cdot b}{|a||b|}$；
> (3) 对于两个非零向量 a，b，a 与 b 垂直的充要条件是它们的数量积为零，即 $a\perp b\Leftrightarrow a\cdot b=0$.

代入向量夹角的余弦公式,可得夹角的余弦值为

$$\frac{\overrightarrow{AB} \cdot \overrightarrow{AC}}{|\overrightarrow{AB}| \cdot |\overrightarrow{AC}|} = \frac{1}{\sqrt{2} \times \sqrt{2}} = \frac{1}{2}.$$

所以

$$\overrightarrow{AB} 与 \overrightarrow{AC} 的夹角为 \frac{\pi}{3}.$$

2. 向量积

在物理学中我们知道,要表示一外力对物体的转动所产生的影响,我们用力矩的概念来描述. 设一杠杆的一端 O 固定,力 F 作用于杠杆上的点 A 处,F 与 $\overrightarrow{OA}$ 的夹角为 θ,则杠杆在 F 的作用下绕 O 点转动,这时,可用力矩 M 来描述. 力 F 对 O 的力矩 M 是个向量,M 的大小为

$$|M| = |\overrightarrow{OA}||F|\sin\langle\overrightarrow{OA}, F\rangle.$$

M 的方向与 $\overrightarrow{OA}$ 及 F 都垂直,且 $\overrightarrow{OA}$,F,M 成右手系,如图 3-21 所示.

在实际生活中,我们会经常遇到像这样由两个向量所决定的另一个向量,由此,我们抽象出这样的向量运算,引入两向量的向量积的概念.

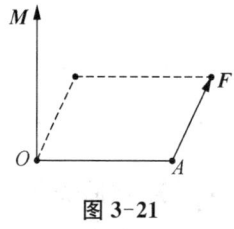

图 3-21

> **定义 4** 设 a,b 为空间中的两个向量,若由 a,b 所决定的向量 c,其模为
>
> $$|c| = |a||b|\sin\langle a, b\rangle.$$
>
> 其方向与 a,b 均垂直且 a,b,c 成右手系,则向量 c 叫作向量 a 与 b 的向量积(也称外积或叉积). 记作 $a \times b$,读作 "a 叉乘 b".

性质 2 向量积的运算性质,对任意向量 a,b 及任意实数 λ,有
(1) 反交换律:$a \times b = -b \times a$;
(2) 分配律:$a \times (b + c) = a \times b + a \times c$;$(a + b) \times c = a \times c + b \times c$;
(3) 与数乘的结合律:$(\lambda a) \times b = \lambda(a \times b) = a \times (\lambda b)$.

在空间直角坐标系下,设向量 $a = \{x_1, y_1, z_1\}$,向量 $b = \{x_2, y_2, z_2\}$,即

$$a = x_1 \mathbf{i} + y_1 \mathbf{j} + z_1 \mathbf{k}, \quad b = x_2 \mathbf{i} + y_2 \mathbf{j} + z_2 \mathbf{k}.$$

那么,根据向量积的定义和运算法则,有

$$\begin{aligned}
a \times b &= (x_1 \mathbf{i} + y_1 \mathbf{j} + z_1 \mathbf{k}) \times (x_2 \mathbf{i} + y_2 \mathbf{j} + z_2 \mathbf{k}) \\
&= x_1 x_2 (\mathbf{i} \times \mathbf{i}) + x_1 y_2 (\mathbf{i} \times \mathbf{j}) + x_1 z_2 (\mathbf{i} \times \mathbf{k}) + y_1 x_2 (\mathbf{j} \times \mathbf{i}) + \\
&\quad y_1 y_2 (\mathbf{j} \times \mathbf{j}) + y_1 z_2 (\mathbf{j} \times \mathbf{k}) + \\
&\quad z_1 x_2 (\mathbf{k} \times \mathbf{i}) + z_1 y_2 (\mathbf{k} \times \mathbf{j}) + z_1 z_2 (\mathbf{k} \times \mathbf{k}) \\
&= (x_1 y_2 - y_1 x_2)(\mathbf{i} \times \mathbf{j}) + (y_1 z_2 - z_1 y_2)(\mathbf{j} \times \mathbf{k}) - \\
&\quad (x_1 z_2 - z_1 x_2)(\mathbf{k} \times \mathbf{i}) \\
&= (y_1 z_2 - z_1 y_2)\mathbf{i} - (x_1 z_2 - z_1 x_2)\mathbf{j} + (x_1 y_2 - y_1 x_2)\mathbf{k}.
\end{aligned}$$

为了便于记忆,结合二阶行列式及三阶行列式可得出

$$a \times b = \begin{vmatrix} y_1 & z_1 \\ y_2 & z_2 \end{vmatrix} \mathbf{i} - \begin{vmatrix} x_1 & z_1 \\ x_2 & z_2 \end{vmatrix} \mathbf{j} + \begin{vmatrix} x_1 & y_1 \\ x_2 & y_2 \end{vmatrix} \mathbf{k} = \begin{vmatrix} \mathbf{i} & \mathbf{j} & \mathbf{k} \\ x_1 & y_1 & z_1 \\ x_2 & y_2 & z_2 \end{vmatrix}.$$

注意

(1) 两向量 a 与 b 的向量积 $a \times b$ 是一个向量,其模 $|a \times b|$ 的几何意义是以 a,b 为邻边的平行四边形的面积.

(2) 对于两个非零向量 a 与 b,a 与 b 平行的充要条件是它们的向量积为零向量.

$$a \mathbin{/\mkern-5mu/} b \Leftrightarrow a \times b = \mathbf{0}.$$

例5 设 $a = i + j - 2k$，$b = 2i + 3j + k$，求 $a \times b$.

解 $a \times b = \begin{vmatrix} i & j & k \\ 1 & 1 & -2 \\ 2 & 3 & 1 \end{vmatrix} = \begin{vmatrix} 1 & -2 \\ 3 & 1 \end{vmatrix} i - \begin{vmatrix} 1 & -2 \\ 2 & 1 \end{vmatrix} j + \begin{vmatrix} 1 & 1 \\ 2 & 3 \end{vmatrix} k = 7i - 5j + k$.

例6 求垂直于 $a = \{1, -1, 2\}$，$b = \{2, -2, 2\}$ 的单位向量.

解 设 $c = a \times b$，那么 c 就同时垂直于 a 和 b，

$$c = \begin{vmatrix} i & j & k \\ 1 & -1 & 2 \\ 2 & -2 & 2 \end{vmatrix} = 2i + 2j,$$

$$|c| = \sqrt{2^2 + 2^2 + 0^2} = 2\sqrt{2},$$

c 方向上的单位向量为 $c° = \dfrac{c}{|c|} = \dfrac{2i + 2j}{2\sqrt{2}} = \dfrac{1}{\sqrt{2}} i + \dfrac{1}{\sqrt{2}} j$，即为所求.

同时相反方向的 $-c° = -\dfrac{1}{\sqrt{2}} i - \dfrac{1}{\sqrt{2}} j$ 也是垂直于 a 和 b 的单位向量.

课后提升

1. 设在空间直角坐标系中有三点 $A(2, 1, -1)$，$B(4, -2, -3)$，$C(0, 0, 2)$，求向量 $\overrightarrow{AB}$，$\overrightarrow{BC}$，$\overrightarrow{CA}$.

2. 设向量 $a = \{-1, 2, 1\}$，$b = \{-3, -2, 0\}$，分别求向量 $a + b$，$b - a$，$2a + \dfrac{1}{3} b$ 的坐标.

3. 已知向量 $a = 5i + \lambda j - k$ 与 $b = -i + 2j + \mu k$ 平行，求 λ 与 μ 的值.

4. 设向量 a，b，c 两两垂直，且 $|a| = 1$，$|b| = 2$，$|c| = 3$，求向量 $d = a + b + c$ 的模及 $\langle d, b \rangle$.

5. 设向量 a，b 的直角坐标分别为 $\{-1, 3, -2\}$ 和 $\{2, -4, k\}$，若 $a \perp b$，求 k 的值.

答 案

1. $\overrightarrow{AB} = \{2, -3, -2\}$；$\overrightarrow{BC} = \{-4, 2, 5\}$；$\overrightarrow{CA} = \{2, 1, -3\}$.

2. $a + b = \{-4, 0, 1\}$，$b - a = \{-2, -4, -1\}$，$2a + \dfrac{1}{3} b = \left\{-3, \dfrac{10}{3}, 2\right\}$.

3. $\lambda = -10$，$\mu = \dfrac{1}{5}$.

4. $|d| = \sqrt{14}$，$\langle d, b \rangle = \arccos \dfrac{2\sqrt{14}}{7}$.

5. -7.

3.3 空间直线及平面

3.3.1 空间直线

1. 空间直线的方程

> **定义 1(直线的一般式方程)** 由于空间直线可以看作是两个不平行平面的交线,而平面方程为三元一次方程,因此,两个系数不成比例的三元一次方程组
> $$\begin{cases} A_1x + B_1y + C_1z + D_1 = 0, \\ A_2x + B_2y + C_2z + D_2 = 0. \end{cases}$$
> 表示一条直线,称之为直线的一般式方程.

我们知道,一个点和一个方向可以决定一条直线,而方向可以用一个非零向量来表示. 因此,一个点和一个非零向量决定一条直线.

如果一个非零向量 s 与直线 l 平行,则称向量 s 是直线 l 的一个方向向量.

显然,若 v 是直线 l 的一个方向向量,则 λv(λ 为任意非零实数)都是 l 的方向向量.

> **定义 2(直线的点向式方程)** 下面为过点 $M_0(x_0, y_0, z_0)$,方向向量为 $s = \{m, n, p\}$ 的直线方程.
> $$\frac{x - x_0}{m} = \frac{y - y_0}{n} = \frac{z - z_0}{p}.$$
> 将以上方程称为直线 l 的点向式方程,或称为标准方程. 其中 (x_0, y_0, z_0) 是直线 l 上一点的坐标,$\{m, n, p\}$ 为直线 l 的一个方向向量.

例 1 将直线的点向式方程
$$\frac{x-1}{2} = \frac{y-2}{-1} = \frac{z+1}{1}.$$
化为直线的一般式方程.

解 $\dfrac{x-1}{2} = \dfrac{y-2}{-1} = \dfrac{z+1}{1} \Leftrightarrow \begin{cases} \dfrac{x-1}{2} = \dfrac{y-2}{-1}, \\ \dfrac{y-2}{-1} = \dfrac{z+1}{1}. \end{cases}$

化简整理为
$$\begin{cases} x + 2y - 5 = 0, \\ y + z - 1 = 0. \end{cases}$$
即为所求直线的一般式方程.

例2 将直线的一般式方程

$$\begin{cases} x-y+2z+1=0, \\ 2x+z+2=0. \end{cases}$$

化为直线的点向式方程.

解 令 $x=-1$,则

$$\begin{cases} -1-y+2z+1=0, \\ -2+z+2=0. \end{cases}$$

得到直线上的一个点为 $(-1,0,0)$.

构成直线的两个平面的法线向量分别为 $\boldsymbol{n}_1=(1,-1,2)$,$\boldsymbol{n}_2=(2,0,1)$,得直线的方向向量为

$$\boldsymbol{s}=\boldsymbol{n}_1\times\boldsymbol{n}_2=\begin{vmatrix} \boldsymbol{i} & \boldsymbol{j} & \boldsymbol{k} \\ 1 & -1 & 2 \\ 2 & 0 & 1 \end{vmatrix}=-\boldsymbol{i}+3\boldsymbol{j}+2\boldsymbol{k}.$$

所以所求直线的点向式方程为

$$\frac{x-(-1)}{-1}=\frac{y-0}{3}=\frac{z-0}{2},$$

即

$$\frac{x+1}{-1}=\frac{y}{3}=\frac{z}{2}.$$

2. 空间直线的关系

空间中两条直线的位置关系可以用两条直线的方程构成的方程组的解来确定.

设两条直线 l_1 和 l_2 的方程为

$l_1:\dfrac{x-x_1}{m_1}=\dfrac{y-y_1}{n_1}=\dfrac{z-z_1}{p_1}$,方向向量 $\boldsymbol{s}_1=\{m_1,n_1,p_1\}$,

$l_2:\dfrac{x-x_2}{m_2}=\dfrac{y-y_2}{n_2}=\dfrac{z-z_2}{p_2}$,方向向量 $\boldsymbol{s}_2=\{m_2,n_2,p_2\}$.

由它们的方程构成的方程组

$$\begin{cases} \dfrac{x-x_1}{m_1}=\dfrac{y-y_1}{n_1}=\dfrac{z-z_1}{p_1}, \\ \dfrac{x-x_2}{m_2}=\dfrac{y-y_2}{n_2}=\dfrac{z-z_2}{p_2}. \end{cases}$$

(1) 若方程组有无穷解,则 l_1 与 l_2 重合;

(2) 若方程组只有一组解,则 l_1 与 l_2 相交,且方程组的解即为 l_1 与 l_2 的交点坐标;

(3) 若方程组无解,且 $\boldsymbol{s}_1\ /\!/\ \boldsymbol{s}_2$,即 $\boldsymbol{s}_1\times\boldsymbol{s}_2=0$,也即 $\dfrac{m_1}{m_2}=\dfrac{n_1}{n_2}=\dfrac{p_1}{p_2}$,则 l_1 与 l_2 平行;

(4) 若方程组无解,且 $\boldsymbol{s}_1\times\boldsymbol{s}_2\neq 0$,则 l_1 与 l_2 异面.

定义3(两直线的夹角) 两相交直线 l_1 与 l_2 所成的四个角中,把不大于 $\frac{\pi}{2}$ 的那对对顶角 θ 叫作这两条直线的夹角.

若直线 l_1 与 l_2 的方向向量分别为 s_1, s_2,显然有

$$\cos\theta = |\cos\langle s_1, s_2\rangle| = \frac{|s_1 \cdot s_2|}{|s_1||s_2|}.$$

例3 已知直线 $L_1: \frac{x+2}{1} = \frac{y-1}{-4} = \frac{z+1}{1}$, $L_2: \frac{x-2}{2} = \frac{y+1}{-2} = \frac{z-1}{-1}$,求 L_1 与 L_2 的夹角.

解 由于 L_1 与 L_2 的方向向量分别为 $s_1 = \{1, -4, 1\}$, $s_1 = \{2, -2, -1\}$. 因此 L_1 与 L_2 的夹角满足

$$\cos\varphi = \frac{|m_1m_2 + n_1n_2 + p_1p_2|}{\sqrt{m_1^2 + n_1^2 + p_1^2}\sqrt{m_2^2 + n_2^2 + p_2^2}}$$

$$= \frac{|1\times 2 + (-4)\times(-2) + 1\times(-1)|}{\sqrt{1^2 + (-4)^2 + 1^2}\sqrt{2^2 + (-2)^2 + (-1)^2}} = \frac{\sqrt{2}}{2}.$$

故

$$\varphi = \frac{\pi}{4}.$$

注意

(1) 若 $l_1 \mathbin{/\mkern-5mu/} l_2$,规定 l_1 与 l_2 的夹角为 0;

(2) 对于异面直线,可把这两条直线平移至相交状态,此时,它们的夹角称为异面直线的夹角;

(3) 若 $l_1 \perp l_2 \Leftrightarrow s_1 \cdot s_2 = 0 \Leftrightarrow m_1m_2 + n_1n_2 + p_1p_2 = 0.$

3.3.2 空间平面

1. 空间平面方程

空间曲面的最简单的形式是平面,本部分将利用向量的概念,在空间直角坐标系中建立平面的方程.下面我们将推导几种由不同条件所确定的平面的方程.

定义4(平面的点法式方程) 设 $M_0(x_0, y_0, z_0)$ 为平面 π 上的任一点,由于 $\boldsymbol{n} \perp \pi$,因此 $\boldsymbol{n} \perp \overrightarrow{M_0M}$. 由两向量垂直的充要条件,得

$$\boldsymbol{n} \cdot \overrightarrow{M_0M} = 0.$$

而

$$\overrightarrow{M_0M} = \{x - x_0, y - y_0, z - z_0\}, \boldsymbol{n} = \{A, B, C\},$$

所以

$$A(x - x_0) + B(y - y_0) + C(z - z_0) = 0.$$

由于平面 π 上任意一点 $M(x, y, z)$ 都满足方程(1),而不在平面 π 上的点都不满足上式.因此上式就是平面 π 的方程.

由于上式是给定点 $M_0(x_0, y_0, z_0)$ 和法线向量 $\boldsymbol{n} = \{A, B, C\}$ 所确定的,因而称上式为平面 π 的点法式方程.

例4 求过点 $(1,3,-2)$ 且以 $\{2,1,-2\}$ 为法线向量的平面的方程.

解 由平面的点法式方程可知,所求平面方程为
$$2(x-1)+(y-3)-2(z+2)=0.$$

定义5(平面的一般式方程) 展开平面的点法式方程可得
$$Ax+By+Cz-(Ax_0+By_0+Cz_0)=0.$$
设 $D=-(Ax_0+By_0+Cz_0)$,则有
$$Ax+By+Cz+D=0\ (A,B,C\ \text{不全为零}).$$
即任意一个平面的方程都是 x,y,z 的一次方程.

2. 空间平位置关系

定义6(点到平面的距离) 在空间直角坐标系中,设点 $M(x_0,y_0,z_0)$,平面 π:$Ax+By+Cz+D=0(A,B,C\ \text{不全为零})$,可以证明点 M 到平面 π 的距离为
$$d=\frac{|Ax_0+By_0+Cz_0+D|}{\sqrt{A^2+B^2+C^2}}.$$

例5 求两个平行平面 $2x-y+z-1=0$ 与 $2x-y+z+5=0$ 之间的距离.

解 在一个平面 $2x-y+z-1=0$ 上任取一点,如取点 $P(0,0,1)$,则点 P 到另一平面的距离即为两个平面间的距离,所以
$$d=\frac{|Ax_0+By_0+Cz_0+D|}{\sqrt{A^2+B^2+C^2}}=\frac{|2\times 0-0+1+5|}{\sqrt{2^2+(-1)^2+1^2}}=\sqrt{6}.$$

设直线 l_1:$\dfrac{x-x_0}{m}=\dfrac{y-y_0}{n}=\dfrac{z-z_0}{p}$,平面 π:$Ax+By+Cz+D=0$,将其联立起来的方程组为
$$\begin{cases}\dfrac{x-x_0}{m}=\dfrac{y-y_0}{n}=\dfrac{z-z_0}{p},\\ Ax+By+Cz+D=0.\end{cases}$$

(1) 若方程组有无穷解,则 l 在 π 内;

(2) 若方程组无解,则 $l\ /\!/\ \pi$;

(3) 若方程组只有一组解,则 l 与 π 相交,方程组的解即为 l 与 π 的交点坐标;我们还可以根据直线的方向向量 $\boldsymbol{s}$ 与平面的法线向量 $\boldsymbol{n}$ 的关系来判定直线与平面的位置关系.

(4) 若 $\boldsymbol{s}\cdot\boldsymbol{n}=0$,即 $\boldsymbol{s}\perp\boldsymbol{n}$ 时,l 在 π 内或 $l\ /\!/\ \pi$;

(5) 若 $\boldsymbol{s}\cdot\boldsymbol{n}\neq 0$,即 $\boldsymbol{s}$ 与 $\boldsymbol{n}$ 不垂直时,l 与 π 相交.

定义 7（直线与平面的夹角） 直线与它在平面上的投影之间的夹角 $\theta\left(0\leqslant\theta\leqslant\dfrac{\pi}{2}\right)$，称为直线与平面的夹角.

若直线 $l: \dfrac{x-x_0}{m}=\dfrac{y-y_0}{n}=\dfrac{z-z_0}{p}$，平面 $\pi: Ax+By+Cz+D=0$，则直线 l 的方向向量 $\boldsymbol{s}=\{m,n,p\}$，平面 π 的法线向量 $\boldsymbol{n}=\{A,B,C\}$，设直线 l 与平面 π 的法线之间的夹角为 φ，则 $\theta=\dfrac{\pi}{2}-\varphi$（图 3-22）. 所以

$$\sin\theta=\cos\varphi=\dfrac{|\boldsymbol{s}\cdot\boldsymbol{n}|}{|\boldsymbol{s}||\boldsymbol{n}|}=\dfrac{|Am+Bn+Cp|}{\sqrt{m^2+n^2+p^2}\cdot\sqrt{A^2+B^2+C^2}}.$$

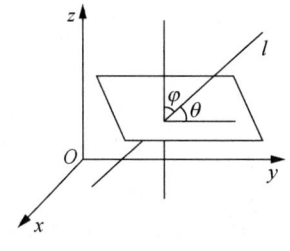

图 3-22

这个公式就是直线与平面之间的夹角公式.

特别地，

当 $\theta=0$ 时，直线 l 与平面 π 平行，它的充分必要条件为

$$Am+Bn+Cp=0.$$

当 $\theta=\dfrac{\pi}{2}$ 时，直线 l 与平面 π 垂直，其充分必要条件为

$$\dfrac{A}{m}=\dfrac{B}{n}=\dfrac{C}{p}.$$

例 6 判断下列各组平面与直线间的位置关系：

(1) $l: \dfrac{x-2}{-2}=\dfrac{y+2}{-7}=\dfrac{z-3}{3}$，$\pi: 4x-2y-2z=3$；

(2) $l: \dfrac{x-2}{3}=\dfrac{y+2}{1}=\dfrac{z-3}{-4}$，$\pi: x+y+z=3$.

解 我们根据直线的方向向量 $\boldsymbol{s}$ 与平面的法线向量 $\boldsymbol{n}$ 的关系来判定直线与平面的位置关系.

(1) 直线 l 的方向向量 $\boldsymbol{s}=(-2,-7,3)$，平面 π 的法线向量 $\boldsymbol{n}=(4,-2,-2)$. 则

$$\boldsymbol{s}\cdot\boldsymbol{n}=(-2)\times 4+(-7)\times(-2)+3\times(-2)=0.$$

所以 $l\parallel\pi$. 点 $M(2,-2,3)$ 在直线 l 上，但不在平面 π 上，因此直线 l 平行于平面 π，但不在平面 π 上.

(2) 直线 l 的方向向量 $\boldsymbol{s}=(3,1,-4)$，平面 π 的法线向量 $\boldsymbol{n}=(1,1,1)$. 则

$$\boldsymbol{s}\cdot\boldsymbol{n}=3\times 1+1\times 1+(-4)\times 1=0.$$

所以 $l\parallel\pi$. 点 $M(2,-2,3)$ 在直线 l 上，又在平面 π 上，因此直线 l 在平面 π 上.

在立体几何中，我们知道，两个平面之间的位置关系有三种：平行、重合和相交. 下面根据两个平面的方程来讨论它们之间的位置关系.

设有两个平面 π_1 与 π_2，它们的方程为

$\pi_1: A_1x + B_1y + C_1z + D_1 = 0$ (A_1, B_1, C_1 不同时为零),

$\pi_2: A_2x + B_2y + C_2z + D_2 = 0$ (A_2, B_2, C_2 不同时为零).

则它们的法线向量分别为 $\mathbf{n}_1 = \{A_1, B_1, C_1\}$ 和 $\mathbf{n}_2 = \{A_2, B_2, C_2\}$.

两平面平行 $\Leftrightarrow \mathbf{n}_1 /\!/ \mathbf{n}_2 \Leftrightarrow \dfrac{A_1}{A_2} = \dfrac{B_1}{B_2} = \dfrac{C_1}{C_2} \neq \dfrac{D_1}{D_2}$.

平面重合 $\Leftrightarrow \dfrac{A_1}{A_2} = \dfrac{B_1}{B_2} = \dfrac{C_1}{C_2} = \dfrac{D_1}{D_2}$.

两平面相交 $\Leftrightarrow A_1, B_1, C_1$ 与 A_2, B_2, C_2 不成比例.

课后提升

1. 求通过原点且垂直于平面 $3x - y + 2 = 0$ 的直线方程.
2. 求过点 $(1, 1, 1)$ 且平行于两平面 $x + y - 2z + 1 = 0$ 和 $x + 2y - z + 1 = 0$ 的直线方程.
3. 将直线的一般式方程 $\begin{cases} x = 2y + 2, \\ y = z - 4 \end{cases}$ 化为点向式方程.
4. 将直线的点向式方程 $\dfrac{x-2}{0} = \dfrac{y+1}{2} = \dfrac{z+3}{-1}$ 化为一般式方程.
5. 求过点 $A(1, 0, -1)$ 且与平面 $x - y - 3z - 5 = 0$ 平行的平面方程.
6. 求过点 $A(3, 1, -1)$, $B(1, -1, 0)$ 且平行于向量 $\mathbf{a} = \{-1, 0, 2\}$ 的平面方程.
7. 求通过 y 轴且垂直于平面 $2x + y - z + 5 = 0$ 平面方程.
8. 设平面 $Ax - 2y - z + 1 = 0$ 与平面 $3x + By + 2z - 9 = 0$ 平行, 试求 A 和 B 的值.
9. 求两平面 $x - y + 2z - 6 = 0$, $2x + y + z - 5 = 0$ 的夹角.
10. 点 $(3, 1, 0)$ 到平面 $4x - y + 2\sqrt{2}z + 4 = 0$ 的距离.

答 案

1. $\dfrac{x}{3} = \dfrac{y}{-1} = \dfrac{z}{0}$.
2. $\dfrac{x-1}{3} = \dfrac{y-1}{-1} = \dfrac{z-1}{1}$.
3. $\dfrac{x-2}{2} = \dfrac{y}{1} = \dfrac{z-4}{1}$.
4. $\begin{cases} x = 2, \\ y + 2z + 7 = 0. \end{cases}$
5. $x - y + 3z - 4 = 0$.
6. $4x - 3y + 2z - 7 = 0$.
7. $x - 2z = 0$.
8. $A = -\dfrac{3}{2}$, $B = 4$.
9. $\theta = \dfrac{\pi}{3}$.
10. 3.

3.4 常见曲面方程

前面介绍了平面的方程,我们知道,关于 x,y,z 的一次方程 $Ax+By+Cz+D=0$ 为平面方程.平面也称一次曲面.

本任务介绍常见的二次曲面,即其方程是关于 x,y,z 的二次方程,包括球面、椭球面、双曲面、抛物面、某些柱面及旋转曲面.

3.4.1 常见曲面方程

1. 球面

设动点 $M(x,y,z)$ 到定点 $M_0(x_0,y_0,z_0)$ 的距离等于定长 R,那么,动点 M 的轨迹是中心在点 M_0,半径为 R 的球面.如图 3-23 所示.则
$$|MM_0|=R.$$
即
$$\sqrt{(x-x_0)^2+(y-y_0)^2+(z-z_0)^2}=R,$$

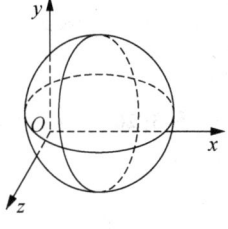

图 3-23

两边平方,得
$$(x-x_0)^2+(y-y_0)^2+(z-z_0)^2=R^2.$$

反之,若 $M(x,y,z)$ 的坐标满足以上方程,则总有 $|MM_0|=R$,所以方程是以 $C(x_0,y_0,z_0)$ 为球心,以 R 为半径的球面方程.

特别地,以坐标原点为球心球面方程为
$$x^2+y^2+z^2=R^2.$$

2. 椭球面

由方程
$$\frac{x^2}{a^2}+\frac{y^2}{b^2}+\frac{z^2}{c^2}=1 \quad (a,b,c>0).$$

所确定的曲面称为椭球面,a,b,c 称为椭球面的半轴,方程称为椭球面的标准方程.

方程满足
$$\frac{x^2}{a^2}\leqslant 1, \frac{y^2}{b^2}\leqslant 1, \frac{z^2}{c^2}\leqslant 1,$$
即
$$-a\leqslant x\leqslant a, -b\leqslant y\leqslant b, -c\leqslant z\leqslant c.$$

因此,椭球面在 $x=\pm a,y=\pm b,z=\pm c$ 这六个平面所围成的长方体内.

椭球面与 3 个坐标轴的 6 个交点 $(\pm a,0,0),(0,\pm b,0),(0,0,\pm c)$ 称为椭球面的顶点.如图 3-24 所示.

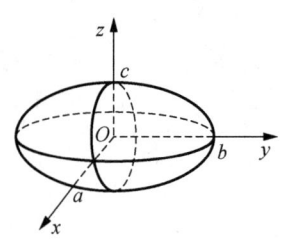

图 3-24

3. 双曲面

双曲面由图形的特点分为单叶双曲面和双叶双曲面.

由方程

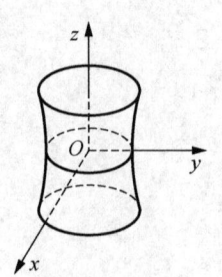

图 3-25

$$\frac{x^2}{a^2}+\frac{y^2}{b^2}-\frac{z^2}{c^2}=1 \quad (a,b,c>0)$$

所确定的曲面称为单叶双曲面. 如图 3-25 所示.

由方程

$$-\frac{x^2}{a^2}+\frac{y^2}{b^2}-\frac{z^2}{c^2}=1 \quad (a,b,c>0)$$

所确定的曲面称为双叶双曲面. 如图 3-26 所示.

4. 抛物面

常见的抛物面有椭圆抛物面和双曲抛物面.

由方程

$$z=\frac{x^2}{a^2}+\frac{y^2}{b^2} \quad (a,b>0)$$

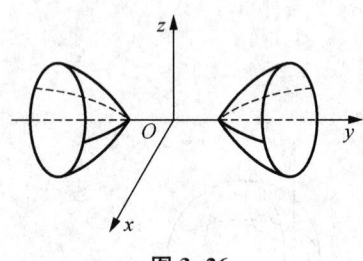

图 3-26

所确定的曲面称为椭圆抛物面. 如图 3-27 所示.

由方程

$$z=\frac{x^2}{a^2}-\frac{y^2}{b^2} \quad (a,b>0)$$

所确定的面称为双曲抛物面. 如图 3-28 所示.

5. 柱面

用直线 L 沿空间一条曲线 Γ 平行移动所形成的曲面称为柱面. 动直线 L 称为柱面的母线,定曲线 Γ 称为柱面的准线,如图 3-29 所示.

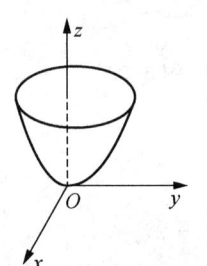

图 3-27

常见的柱面有：

圆柱面：$x^2+y^2=R^2$（图 3-30）；

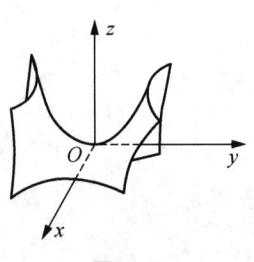

图 3-28

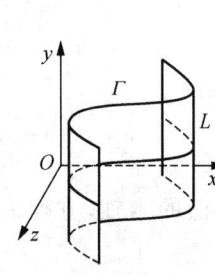

图 3-29

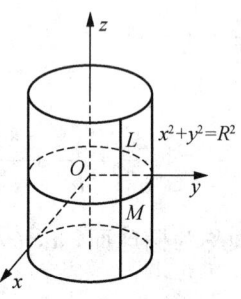

图 3-30

椭圆柱面：$\dfrac{x^2}{a^2}+\dfrac{y^2}{b^2}=1$（图 3-31）；

抛物面：$x^2=2py$（图 3-32）.

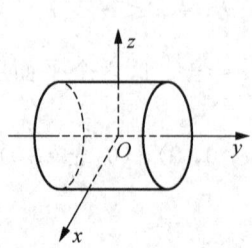

图 3-31

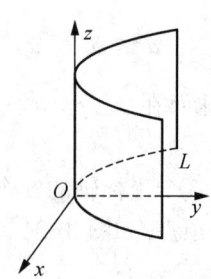

图 3-32

3.4.2 空间曲面练习

例 1 方程 $x^2+y^2+z^2-2x-4y-4=0$ 表示怎样的曲面?

解 通过配方,原方程可以改写成 $(x-1)^2+(y-2)^2+z^2=9$. 所以原方程表示球心在点 $M_0(1,2,0)$,半径为 $R=3$ 的球面.

例 2 方程组 $\begin{cases} x^2+y^2=1, \\ 3x+2z=6. \end{cases}$ 表示怎样的曲线?

解 方程组中第一个方程表示母线平行于 z 轴的圆柱面,其准线是 xOy 面上的圆 $x^2+y^2=1$. 方程组中第二个方程表示一个平行于 y 轴的平面. 因此,方程组表示平面与圆柱面的交线——椭圆,如图 3-33 所示.

例 3 下列方程组表示怎样的曲线?

$$\begin{cases} x^2+y^2+z^2=8, \\ \sqrt{x^2+y^2}=z. \end{cases}$$

解 方程组中第一个方程表示球心在坐标原点 O,半径为 $2\sqrt{2}$ 的球面,第二个方程表示开口朝向 z 轴正方向的圆锥面. 因此,这方程组表示球面与圆锥面的交线. 它是空间中的一个圆,其圆心在点 $(0,0,2)$,半径为 2(图 3-34).

> **注意**
>
> 若曲面方程为 $F(x,y)=0$,则它一定是母线平行于 z 轴,准线为 xOy 平面的一条曲线 L[L 在平面直角坐标系中的方程为 $F(x,y)=0$]的柱面.

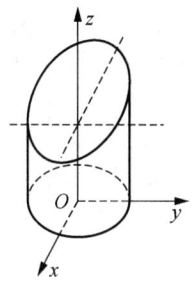

图 3-33

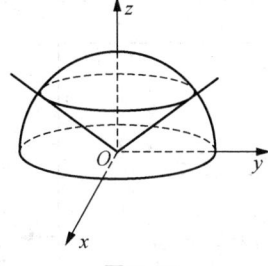

图 3-34

课后提升

下列方程在平面解析几何和空间解析几何中分别表示什么图形?

(1) $x^2+y^2+z^2=9$;   (2) $\dfrac{x^2}{25}+\dfrac{y^2}{9}+\dfrac{z^2}{4}=1$;

(3) $x^2+y^2-z^2=1$;   (4) $x^2-y^2-z^2=1$;

(5) $\dfrac{x^2}{4}+\dfrac{y^2}{9}=z$;   (6) $4z=x^2-y^2$.

答 案

(1) 球面; (2) 椭球面; (3) 单叶双曲面; (4) 双叶双曲面; (5) 椭圆抛物面; (6) 双叶抛物面.

知识小结

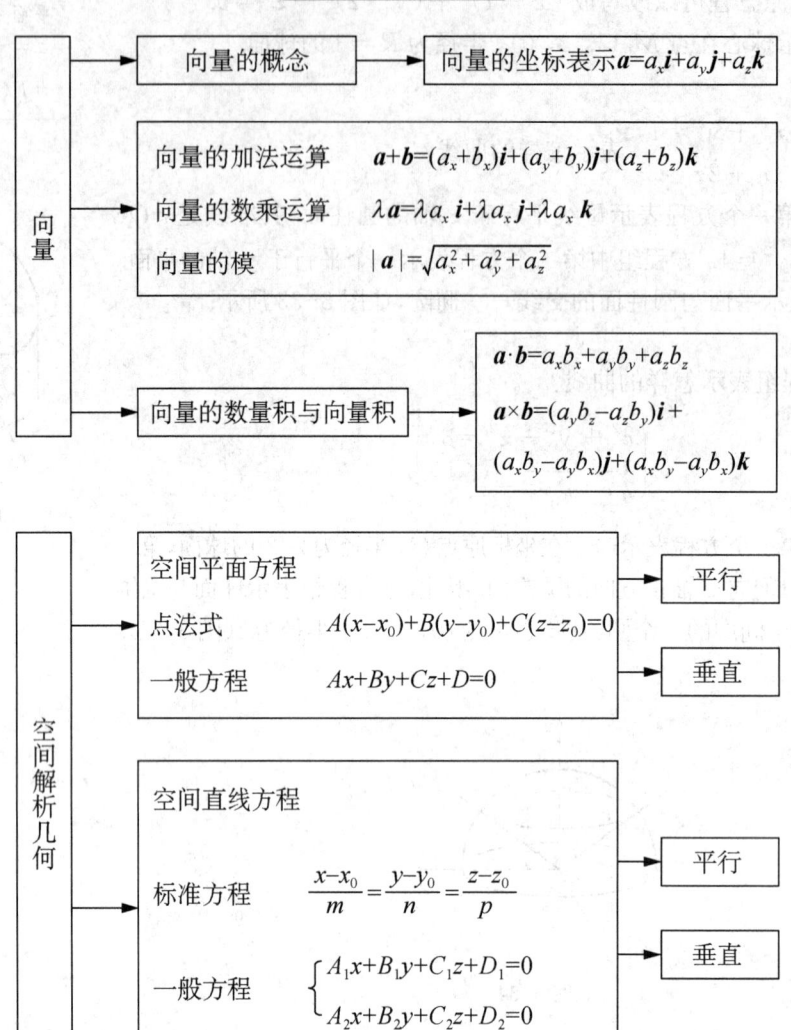

能力提升

1. 填空题

(1) 点 $M(-1, 0, 3)$ 位于 _____.

(2) 点 $(-2, 5, -3)$ 关于 y 轴的对称点是 _____.

(3) 点 $M(-3, 2, -1)$ 位于 _____.

(4) 球面 $x^2+y^2+z^2-2x+4y-3=0$ 的中心和半径 $R=$ _____.

(5) 点 $M_1(1, -2, 3)$ 和 $M_2(3, -1, 2)$ 之间的距离 $|M_1M_2|=$ _____.

(6) 过点 $(2, -3, -1)$ 且平行于 yOz 坐标面的平面方程是 _____.

(7) 过 $P(2, 3, -1)$ 且垂直于 y 轴的平面方程是 _____.

(8) 过点 $(-2, 1, 4)$ 且与平面 $\pi: x+2y-5z+3=0$ 垂直的直线方程是 _____.

2. 计算题

(1) 在空间直角坐标系中, 设 $\boldsymbol{a} = \{-3, 1, 4\}$, $\boldsymbol{b} = \{1, 0, -2\}$, 求 $|\boldsymbol{a}|$, $\boldsymbol{a} \cdot \boldsymbol{b}$, $\boldsymbol{a} \times \boldsymbol{b}$, $\cos\langle \boldsymbol{a}, \boldsymbol{b} \rangle$;

(2) 求过点 $M(2, 2, -1)$ 且与平面 $\pi: 3x - 2y + 5z + 7 = 0$ 垂直的直线方程;

(3) 求过点 $M(0, -2, 3)$ 且垂直于直线 $L: \begin{cases} x = 2y, \\ 3y = 2z. \end{cases}$ 的平面方程;

(4) 求过两平行直线 $L_1: \dfrac{x+2}{2} = \dfrac{y-4}{-3} = \dfrac{z-1}{2}$ 及 $L_2: \dfrac{x}{-2} = \dfrac{y-3}{3} = \dfrac{z+1}{-2}$ 的平面方程;

(5) 求直线 $\dfrac{x-1}{3} = \dfrac{y+2}{1} = \dfrac{z-3}{-2}$ 与平面 $x + y + z + 2 = 0$ 的交点.

答　案

1. (1) y 轴; 　(2) $(2, 5, 3)$; 　(3) 第六卦限; 　(4) $(1, -2, 0)$, $R = \sqrt{8}$; 　(5) $\sqrt{6}$;

　(6) $x = 2$; 　(7) $y = 3$; 　(8) $\dfrac{x+2}{1} = \dfrac{y-1}{2} = \dfrac{z-4}{-5}$.

2. (1) $\sqrt{26}$, -11, $-2\boldsymbol{i} - 2\boldsymbol{j} - 1\boldsymbol{k}$, $-\dfrac{11}{\sqrt{130}}$;

　(2) $\dfrac{x-2}{3} = \dfrac{y-2}{-2} = \dfrac{z+1}{5}$;

　(3) $4x + 2y + 3z - 5 = 0$;

　(4) $2x + 2y + z - 5 = 0$;

　(5) $(-5, -4, 7)$.

模块 4

导数与微分

4.1 导数的概念与运算
4.2 微分的概念与运算
4.3 导数的应用
4.4 多元函数微分

微分学是微积分的重要组成部分,导数与微分是微分学的两个基本概念.

导数反映实际问题的变化率. 如力学中物体运动的速度、加速度,电学中的电流强度,化学中的反应速度,生物学中的繁殖率,几何中的切线斜率等.

微分反映当自变量有微小变化时,函数的变化幅度大小,即函数相对于自变量的改变量很小时,其改变量的近似值.

导数与微分紧密相关,在科学技术以及社会生产实践过程中有着广泛的应用.

4.1 导数的概念与运算

案例 1　求变速直线运动的瞬时速度

设物体作变速直线运动时,其位移 s 与时间 t 的函数关系是 $s=s(t)$,求物体在 t_0 时刻的瞬时速度 $v(t_0)$.

设 t_0 时刻物体的位移为 $s(t_0)$,在 $t_0+\Delta t$ 时刻物体的位移为 $s(t_0+\Delta t)$,于是在 t_0 到 $t_0+\Delta t$ 这段时间内,物体所发生的位移为

$$\Delta s = s(t_0+\Delta t) - s(t_0).$$

则在 Δt 时间内的平均速度为

$$\bar{v} = \frac{\Delta s}{\Delta t} = \frac{s(t_0+\Delta t) - s(t_0)}{\Delta t}.$$

当物体作匀速直线运动时,平均速度 $\bar{v}$ 即为 t_0 时刻的瞬时速度;当物体作变速直线运动时,可以用 $\bar{v}$ 近似地表示物体在 t_0 时刻的速度,Δt 愈小,近似程度愈好,当 Δt 无限接近于零时,平均速度将无限趋近于瞬时速度.

令 $\Delta t \to 0$ 时,如果极限 $\lim\limits_{\Delta t \to 0} \dfrac{\Delta s}{\Delta t}$ 存在,就称此极限为物体在时刻 t_0 时的瞬时速度,即

$$v(t_0) = \lim_{\Delta t \to 0} \frac{\Delta s}{\Delta t} = \lim_{\Delta t \to 0} \frac{s(t_0+\Delta t) - s(t_0)}{\Delta t}.$$

案例 2　求曲线上切线的斜率

如图 4-1,设曲线 C 的方程为 $y=f(x)$,PQ 为其上连接点 $P(x_0, y_0)$ 与 $Q(x_0+\Delta x, y_0+\Delta y)$ 的割线,其斜率为

$$k = \tan\beta = \frac{\Delta y}{\Delta x} = \frac{f(x_0+\Delta x) - f(x_0)}{\Delta x}.$$

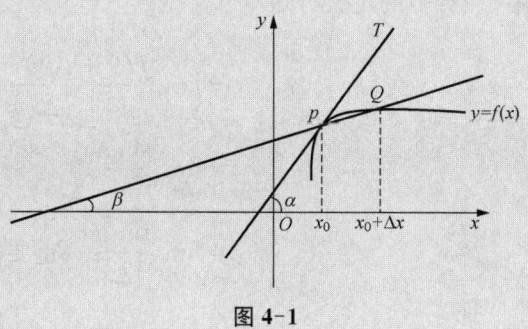

图 4-1

当点 Q 沿曲线 C 无限接近于点 P 时,即 $\Delta x \to 0$ 时,此时割线 PQ 绕点 P 旋转,其极限位置为 PT,我们称直线 PT 为曲线 $y=f(x)$ 在点 P 处的**切线**,同时割线 PQ 的倾斜角 β 趋向于切线 PT 的倾斜角 α,因此切线 PT 的斜率为

$$k=\tan\alpha=\lim_{\Delta x\to 0}\tan\beta=\lim_{\Delta x\to 0}\frac{f(x_0+\Delta x)-f(x_0)}{\Delta x}.$$

以上两个案例的具体含义虽然不相同,但它们有着共同的特点:都是计算函数的改变量与自变量的改变量之比,当自变量的改变量趋于零时的极限,即

$$\lim_{\Delta x\to 0}\frac{\Delta y}{\Delta x}=\lim_{\Delta x\to 0}\frac{f(x_0+\Delta x)-f(x_0)}{\Delta x}.$$

在自然科学和工程技术中,还有许多要研究的量都可以归纳为上述形式的极限,这就得到微积分学的一个重要概念——导数.

导数的概念

4.1.1 导数的概念

4.1.1.1 导数的定义

注意

1. 如果式(4.1.1)极限不存在,就是说函数 $y=f(x)$ 在点 x_0 处不可导.

2. 导数的常见形式还有:$f'(x_0) = \lim\limits_{x\to x_0}\dfrac{f(x)-f(x_0)}{x-x_0}$.

3. $\dfrac{\Delta y}{\Delta x}$ 反映的是函数在 $[x_0,x_0+\Delta x]$ 上的平均变化率,而 $f'(x_0)=\dfrac{\mathrm{d}y}{\mathrm{d}x}\bigg|_{x=x_0}$ 是在点 x_0 处的瞬时变化率,它反映了函数 $y=f(x)$ 随 $x\to x_0$ 变化的快慢程度.

定义1 设函数 $y=f(x)$ 在点 x_0 的某邻域内有定义,如果函数的增量 $\Delta y=f(x_0+\Delta x)-f(x_0)$ 与自变量的增量 Δx 的比值

$$\frac{\Delta y}{\Delta x}=\frac{f(x_0+\Delta x)-f(x_0)}{\Delta x}. \qquad (4.1.1)$$

当 $\Delta x \to 0$ 时,式(4.1.1)极限存在,则这个极限值就叫做函数 $y=f(x)$ **在点 x_0 处的导数**,记为 $f'(x_0)$,即

$$f'(x_0)=\lim_{\Delta x\to 0}\frac{\Delta y}{\Delta x}=\lim_{\Delta x\to 0}\frac{f(x_0+\Delta x)-f(x_0)}{\Delta x}, \qquad (4.1.2)$$

也可记为 $y'\big|_{x=x_0}$,$\dfrac{\mathrm{d}y}{\mathrm{d}x}\bigg|_{x=x_0}$ 或 $\dfrac{\mathrm{d}f(x)}{\mathrm{d}x}\bigg|_{x=x_0}$.

例1 由导数的定义求函数 $f(x)=\sin x$ 在 $x=0$ 处的导数 $f'(0)$.

解 由导数的定义可知,

$$\begin{aligned}f'(0)&=\lim_{\Delta x\to 0}\frac{f(0+\Delta x)-f(0)}{\Delta x}\\&=\lim_{\Delta x\to 0}\frac{\sin\Delta x-\sin 0}{\Delta x}\\&=\lim_{\Delta x\to 0}\frac{\sin\Delta x}{\Delta x}\text{(重要极限)}\\&=1.\end{aligned}$$

定义 2 如果函数 $y=f(x)$ 在区间 (a,b) 内的每一点都可导,就说函数 $y=f(x)$ 在区间 (a,b) 内可导. 此时,对于区间 (a,b) 内的每一个确定的 x 值,都有唯一确定的导数值 $f'(x)$ 与之对应,这就构成了一个新函数,这个函数 $y'=f'(x)$ 叫作函数 $y=f(x)$ 的**导函数**(简称**导数**),即

$$y'=\lim_{\Delta x \to 0}\frac{\Delta y}{\Delta x}=\lim_{\Delta x \to 0}\frac{f(x+\Delta x)-f(x)}{\Delta x} \qquad (4.1.3)$$

也可记作 $f'(x)$,$\dfrac{\mathrm{d}y}{\mathrm{d}x}$,$\dfrac{\mathrm{d}f(x)}{\mathrm{d}x}$.

$y=f(x)$ 在 $x=x_0$ 的导数 $f'(x_0)$ 就是导函数 $y=f'(x)$ 在 $x=x_0$ 点的函数值,即 $f'(x_0)=f'(x)|_{x=x_0}$.

下面我们给出求函数 $y=f(x)$ 的导数的一般方法:

(1) 求函数的改变量 $\Delta y=f(x+\Delta x)-f(x)$;

(2) 求平均变化率 $\dfrac{\Delta y}{\Delta x}=\dfrac{f(x+\Delta x)-f(x)}{\Delta x}$;

(3) 取极限,得导数 $y'=f'(x)=\lim\limits_{\Delta x \to 0}\dfrac{\Delta y}{\Delta x}$.

例 2 求幂函数 $y=x^a$ 的导数.

解 我们先来考察函数 $y=x^n (n \in N)$ 的导数.

求增量,利用二项式定理得

$$\begin{aligned}\Delta y &= f(x+\Delta x)-f(x)\\ &=(x+\Delta x)^n-x^n\\ &=C_n^0 x^n+C_n^1 x^{n-1}\Delta x+C_n^2 x^{n-2}(\Delta x)^2+\cdots\\ &\quad +C_n^n(\Delta x)_n-x^n\\ &=C_n^1 x^{n-1}+C_n^2 x^{n-2}(\Delta x)^2+\cdots+C_n^n(\Delta x)^n.\end{aligned}$$

算比值,得

$$\frac{\Delta y}{\Delta x}=C_n^1 x^{n-1}+C_n^2 x^{n-2}\Delta x+\cdots+(\Delta x)^{n-1}.$$

取极限,得

$$y'=\lim_{\Delta x \to 0}\frac{\Delta y}{\Delta x}=C_n^1 x^{n-1}=nx^{n-1}.$$

即

$$(x^n)'=nx^{n-1}.$$

更一般地,对于幂函数 $y=x^a (a \in R)$,有 $(x^a)'=ax^{a-1}$.

同理,我们得到了一些简单函数的求导公式(证明略),如下所示:$(C)'=0$(C 为常数),$(x^a)'=ax^{a-1} (a \neq 0)$,$(a^x)'=a^x \ln a \ (a>0)$,$(\mathrm{e}^x)'=\mathrm{e}^x$,$(\ln x)'=\dfrac{1}{x}$,$(\log_a x)'=\dfrac{1}{x \ln a}$ ($a>0$,且 $a \neq 1$),$(\cos x)'=-\sin x$,

$(\sin x)' = \cos x$.

求函数在某点的导数,一般是先求导函数,再求该点的导数值.

例3 求 (1) $f(x) = x^2$ 在 $x=2$ 处的导数 $f'(2)$;

(2) $f(x) = \sin x$ 在 $x=\pi$ 处的导数 $f'(\pi)$.

解 (1) 由 $(x^\alpha)' = \alpha x^{\alpha-1}$ 可知

$$(x^2)' = 2x,$$

$$f'(2) = f'(x)|_{x=2} = 2x|_{x=2} = 4.$$

(2) 由 $(\sin x)' = \cos x$,

$$f'(\pi) = f'(x)|_{x=\pi} = \cos x|_{x=\pi} = -1.$$

> **注意**
>
> 左、右导数统称为单侧导数.

定义3 如果极限 $\lim\limits_{\Delta x \to 0^-} \dfrac{f(x_0+\Delta x)-f(x_0)}{\Delta x}$ 及 $\lim\limits_{\Delta x \to 0^+} \dfrac{f(x_0+\Delta x)-f(x_0)}{\Delta x}$ 存在,则极限值分别称为函数 $y = f(x)$ 在点 x_0 处的**左导数**和**右导数**,记为 $f'_-(x_0)$ 及 $f'_+(x_0)$,即

$$f'_-(x_0) = \lim_{\Delta x \to 0^-} \frac{f(x_0+\Delta x)-f(x_0)}{\Delta x},$$

$$f'_+(x_0) = \lim_{\Delta x \to 0^+} \frac{f(x_0+\Delta x)-f(x_0)}{\Delta x}.$$

定理1 函数 $y = f(x)$ 在点 x_0 处可导的**充要条件**是左导数 $f'_-(x_0)$ 和右导数 $f'_+(x_0)$ 都存在且相等,即 $f'_-(x_0) = f'_+(x_0)$.

若 $f(x)$ 在 (a,b) 内可导,且在 $x=a$ 点右可导,在 $x=b$ 点左可导,即 $f'_+(a), f'_-(b)$ 存在,就称 $f(x)$ 在 $[a,b]$ 上可导.

该定理经常用来判断分段函数在分段点处的可导性.

例4 对于函数 $f(x) = |x| = \begin{cases} x, & (x \geqslant 0), \\ -x, & (x < 0). \end{cases}$ 讨论其在点 $x=0$ 处的可导性.

解 由定义3可知,函数 $f(x)$ 在点 $x=0$ 处

左导数:$f'_-(0) = \lim\limits_{\Delta x \to 0^-} \dfrac{f(0+\Delta x)-f(0)}{\Delta x} = \lim\limits_{\Delta x \to 0^-} \dfrac{-\Delta x - 0}{\Delta x} = -1.$

右导数:$f'_+(0) = \lim\limits_{\Delta x \to 0^+} \dfrac{f(0+\Delta x)-f(0)}{\Delta x} = \lim\limits_{\Delta x \to 0^+} \dfrac{\Delta x - 0}{\Delta x} = 1.$

因为 $f'_-(0) \neq f'_+(0)$,故根据定理1可知函数 $f(x)$ 在点 $x=0$ 处不可导.

4.1.1.2 导数的几何意义

函数在某点处导数的**几何意义**就是:函数在该点处切线的斜率.

若曲线 $y = f(x)$ 有一点 $A(a, f(a))$,则曲线上该点的切线的斜率是 $f'(a)$,**切线方程**为

$$y - f(a) = f'(a)(x-a).$$

如图 4-2 所示,过点 $A(a, f(a))$ 且与切线垂直的直线叫作曲线 $y = f(x)$ 在该点处的**法线**.

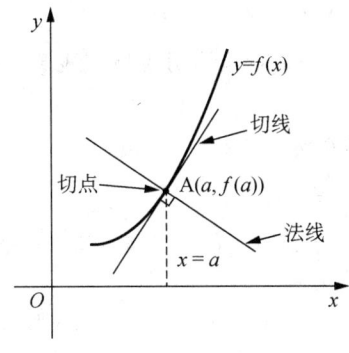

图 4-2

当 $f'(a) \neq 0$ 时,过点 $A(a, f(a))$ 的法线的斜率为 $-\dfrac{1}{f'(a)}$,**法线方程**为

$$y - f(a) = -\dfrac{1}{f'(a)}(x-a).$$

当 $f'(a) = 0$ 时,**法线方程**为 $x = a$.

例 5 求曲线 $f(x) = x^2$ 在 $x = 1$ 处的切线方程和法线方程.

解 当 $x = 1$ 时,$f(1) = 1$,故当 $x = 1$ 时点的坐标为 $(1, 1)$,因为 $f'(x) = 2x$,故切线斜率 $f'(1) = 2$,则切线方程为

$$y - 1 = 2(x - 1),$$

即

$$y = 2x - 1.$$

故法线在 $(1, 1)$ 处的斜率为 $-\dfrac{1}{2}$,则法线方程为

$$y - 1 = -\dfrac{1}{2}(x - 1),$$

即

$$y = \dfrac{3}{2} - \dfrac{1}{2}x.$$

例 6 求曲线 $y = \sqrt{x^3}$ 上哪一点处的切线与直线 $y = 3x - 1$ 平行?

解 已知直线 $y = 3x - 1$ 的斜率 $k = 3$,由导数的几何意义知,曲线 $y = \sqrt{x^3}$ 的切线的斜率

$$k = f'(x) = (x^{\frac{3}{2}})' = \dfrac{3}{2} x^{\frac{1}{2}},$$

根据两直线平行的条件,有

$$\dfrac{3}{2} x^{\frac{1}{2}} = 3,$$

解此方程得
$$x=4,$$
将 $x=4$ 代入方程 $y=\sqrt{x^3}$，得 $y=8$.

所以曲线 $y=\sqrt{x^3}$ 在点 $(4,8)$ 处的切线与直线 $y=3x-1$ 平行.

4.1.1.3 可导与连续的关系

定理 2 如果函数 $y=f(x)$ 在 $x=x_0$ 处可导，那么在该点处必连续.

证明 事实上，若 $y=f(x)$ 在点 x_0 处可导，则有
$$\lim_{\Delta x \to 0} \frac{\Delta y}{\Delta x} = f'(x_0),$$
于是
$$\lim_{\Delta x \to 0} \Delta y = \lim_{\Delta x \to 0} \frac{\Delta y}{\Delta x} \cdot \Delta x = \lim_{\Delta x \to 0} \frac{\Delta y}{\Delta x} \lim_{\Delta x \to 0} \Delta x = f'(x_0) \cdot 0 = 0.$$
所以，函数 $y=f(x)$ 点 x_0 处连续.

反之，若 $y=f(x)$ 在点 x_0 处连续，则 $y=f(x)$ 在点 x_0 处不一定可导.

例 7 对于函数 $y=\sqrt[3]{x-1}$，讨论其在点 $x=1$ 处的连续性和可导性.

解 因为
$$\lim_{x \to 1} y = \lim_{x \to 1} \sqrt[3]{x-1} = 0 = f(1),$$
所以 $y=\sqrt[3]{x-1}$ 在 $x=1$ 处连续. 但由于
$$\frac{\Delta y}{\Delta x} = \frac{\sqrt[3]{(1+\Delta x)-1}}{\Delta x} = (\Delta x)^{-\frac{2}{3}},$$
$$\lim_{\Delta x \to 0^+} \frac{\Delta y}{\Delta x} = +\infty, \quad \lim_{\Delta x \to 0^-} \frac{\Delta y}{\Delta x} = -\infty.$$
$$\lim_{\Delta x \to 0^+} \frac{\Delta y}{\Delta x} \neq \lim_{\Delta x \to 0^-} \frac{\Delta y}{\Delta x},$$
所以 $\lim_{\Delta x \to 0} \frac{\Delta y}{\Delta x}$ 不存在，即 $y=\sqrt[3]{x-1}$ 在点 $x=1$ 处不可导.

例 8 求常数 a,b 使得 $f(x)=\begin{cases} e^x, & x \geqslant 0, \\ ax+b, & x<0 \end{cases}$ 在 $x=0$ 处可导.

解 若使 $f(x)$ 在 $x=0$ 点可导，必使之连续，故
$$\lim_{x \to 0^+} f(x) = \lim_{x \to 0^-} f(x) = f(0),$$
即 $e^0 = a \cdot 0 + b$，得 $b=1$.

又若使 $f(x)$ 在 $x=0$ 点可导，必使之左、右导数存在且相等，由函数知，左、右导数是存在的，且
$$f'_-(0) = \lim_{x \to 0^-} \frac{(ax+b) - e^0}{x-0} = a,$$

$$f'_+(0) = \lim_{x \to 0+} \frac{e^x - e^0}{x - 0} = e^0 = 1.$$

所以若有 $a=1$，则 $f'_-(0) = f'_+(0)$，此时 $f(x)$ 在 $x=0$ 处可导，所以所求常数为 $a=b=1$.

 课后提升

1. 应用导数的定义求函数 $f(x) = \dfrac{1}{x}$ 在点 $x=2$ 处的导数.

2. 利用幂函数的求导公式求下列函数的导数：
   (1) $y = \sqrt{x}$ ； (2) $y = x^{-3}$.

3. 求 $y = \cos x$ 在 $x = \dfrac{\pi}{3}$ 处的导数和 $y = \log_3 x$ 在 $x = \dfrac{1}{2}$ 处的导数.

4. 求曲线 $y = 4x^2 + 4x - 3$ 在点 $(1, 5)$ 处的切线和法线方程.

5. 曲线 $y = \dfrac{1}{\sqrt{x}}$ 上哪一点处的切线与直线 $y = -\dfrac{1}{2}x - 1$ 平行？

6. 讨论函数 $y = x^3$ 在 $x = 0$ 处的连续性和可导性.

7. a, b 取何值时，函数 $f(x) = \begin{cases} x^2, & (x \leqslant 1) \\ ax + b, & (x > 1) \end{cases}$ 在 $x=1$ 处连续且可导.

答　案

1. $-\dfrac{1}{4}$.

2. (1) $\dfrac{1}{2} x^{-\frac{1}{2}}$ ； (2) $-3x^{-4}$.

3. $-\dfrac{\sqrt{3}}{2}$，$\dfrac{2}{\ln 3}$.

4. 切线方程：$12x - y - 7 = 0$.
   法线方程：$x + 12y - 61 = 0$.

5. $(1, 1)$.

6. 可导且连续.

7. $a = 2, b = -1$.

4.1.2　导数的运算

4.1.2.1　导数的四则运算

求下列函数的导数：

(1) $y = x \sin x + 2\cos x$ ；

(2) $y = \dfrac{1 - x^3}{\sqrt{x}}$.

通过观察我们不难看出，上述函数的导数根据简单函数的求导公式已不

导数的运算

能求出,下面我们介绍导数的四则运算.

1. 函数和、差的求导法则

若函数 $u(x)$ 和 $v(x)$ 在点 x 处都可导,则 $u(x) \pm v(x)$ 在点 x 处也可导,且

$$[u(x) \pm v(x)]' = u'(x) \pm v'(x).$$

注意

（1）本公式可简记为 $(u \pm v)' = u' \pm v'$；

（2）该法则可推广到有限个可导函数上去,例如:

$$[u_1 + u_2 + u_3 + \cdots + u_n]' = u_1' + u_2' + u_3' + \cdots + u_n'.$$

例 1 求下列各函数的导数:

(1) $y = x^4 + \cos x + x + e^x$; (2) $y = x^3 - \ln x$.

解 由函数的和差法则可得

(1)
$$y' = (x^4 + \cos x + x + e^x)'$$
$$= (x^4)' + (\cos x)' + x' + (e^x)'$$
$$= 4x^3 - \sin x + 1 + e^x.$$

(2)
$$y' = (x^3 - \ln x)'$$
$$= (x^3)' - (\ln x)'$$
$$= 3x^2 - \frac{1}{x}.$$

2. 函数积的求导法则

若 $u(x)$ 和 $v(x)$ 在点 x 处都可导,则 $u(x)v(x)$ 在点 x 处也可导,且有

$$[u(x)v(x)]' = u'(x)v(x) + u(x)v(x)'.$$

注意

（1）本公式可简化为 $(uv)' = u'v + uv'$；

（2）若取 $v(x) = c$ 为常数,则有 $(cu)' = cu'$；

（3）该法则可推广到有限个可导函数的乘积上去,例如:

$(uvw)' = u'vw + uv'w + uvw'$,

$(uvws)' = u'vws + uv'ws + uvw's + uvws'$ 等.

例 2 求函数 $y = (3x-2)\cos x$ 在其定义域内的导数.

解
$$y' = [(3x-2)\cos x]'$$
$$= (3x-2)' \cos x + (3x-2)(\cos x)'$$
$$= 3\cos x - (3x-2)\sin x$$
$$= 3\cos x - 3x\sin x + 2\sin x.$$

MATLAB 求解 启动 MATLAB,新建 M 文件,输入如下代码:

```
clear clc
syms x; %定义变量 x
y=(3*x-2)*cos(x); %给出函数
dy=diff(y) %求导
```

运行结果:dy = 3*cos(x) - sin(x)*(3*x-2).

3. 函数商的求导法则

若 $u(x), v(x)$ 都在点 x 处可导,且 $v(x) \neq 0$,则 $\dfrac{u(x)}{v(x)}$ 在点 x 处也可导,且

$$\left[\frac{u(x)}{v(x)}\right]' = \frac{u'(x)v(x) - u(x)v'(x)}{v^2(x)}.$$

注意

（1）本公式可简化为 $\left(\dfrac{u}{v}\right)' = \dfrac{u'v - uv'}{v^2}$；

（2）若 $u(x) = 1$,则 $\left[\dfrac{1}{v}\right]' = -\dfrac{v'}{v^2}$.

例 3 求函数 $y = \tan x$ 在其定义域内的导数.

解
$$(\tan x)' = \left(\frac{\sin x}{\cos x}\right)' = \frac{(\sin x)' \cos x - \sin x (\cos x)'}{\cos^2 x}$$
$$= \frac{\cos^2 x + \sin^2 x}{\cos^2 x} = \frac{1}{\cos^2 x}$$
$$= \sec^2 x.$$

同理可得
$$(\cot x)' = -\csc^2 x;$$
$$(\sec x)' = \sec x \tan x;$$
$$(\csc x)' = -\csc x \cot x.$$

例 4 求下列函数的导数.
(1) $y = x \sin x + 2\cos x$；
(2) $y = \dfrac{1 - x^3}{\sqrt{x}}$.

解
(1)
$$y' = (x \sin x)' + 2(\cos x)'$$
$$= x' \sin x + x(\sin x)' - 2\sin x$$
$$= \sin x + x \cos x - 2\sin x$$
$$= x \cos x - \sin x.$$

(2)
$$y' = \frac{(1-x^3)' \sqrt{x} - (1-x^3)(\sqrt{x})'}{(\sqrt{x})^2}$$
$$= \frac{-3x^2 \sqrt{x} - (1-x^3)\dfrac{1}{2\sqrt{x}}}{x}$$
$$= -\frac{1}{2}(x^{-\frac{3}{2}} + 5x^{\frac{3}{2}}).$$

MATLAB 求解 启动 MATLAB，新建 M 文件，输入如下代码：

```
clear clc
syms x; % 定义变量 x
y = (1-x^3)/sqrt(x); % 给出函数
dy = diff(y) % 求导
```

运行结果：dy = (x^3-1)/(2*x^(3/2)) - 3*x^(3/2)

4.1.2.2 复合函数的求导法则——链式法则

求下列函数的导数：

(1) $y = \ln\cos x$; (2) $y = (ax - b\sin^2\omega x)^3$; (3) $y = \sin(\sqrt{x^2+1})$.

我们已知简单函数的求导公式,但是形如(1),(2),(3)的函数都不是简单函数,我们把这样的函数称为复合函数,下面我们讨论复合函数的求导法则.

复合函数的求导法则(链式法则):设函数 $u = \varphi(x)$ 在点 x 处可导,而函数 $y = f(u)$ 在对应点 u 处可导,则复合函数 $y = f[\varphi(x)]$ 在点 x 处可导,而且

$$\frac{dy}{dx} = \frac{dy}{du} \cdot \frac{du}{dx} = f'(u) \cdot \varphi'(x)$$

或写成

$$y'_x = y'_u \cdot u'_x$$

上式表明,复合函数的导数等于复合函数对中间变量的导数乘以中间变量对自变量的导数.

例 5 求函数 $y = \ln\cos x$ 的导数.

解 令 $u = \cos x$, $y = \ln u$,则

$$\frac{dy}{dx} = \frac{dy}{du} \cdot \frac{du}{dx}$$
$$= \frac{1}{u} \cdot (-\sin x)$$
$$= -\tan x.$$

MATLAB 求解 启动 MATLAB,新建 M 文件,输入如下代码:

```
clear clc
syms x;
f = cos(x)
g = log(x)
h = compose(g, f)   % 函数组合,将 f 作为 g 的自变量
i = diff(h)
```

运行结果:i = - sin(x)/cos(x).

例如,设 $y = f(u)$、$u = \varphi(v)$、$v = \psi(x)$,所有函数在相应点处都可导,对复合函数 $y = f\{\varphi[\psi(x)]\}$ 求 x 的导数,有

$$\frac{dy}{dx} = \frac{dy}{du} \cdot \frac{du}{dv} \cdot \frac{dv}{dx}.$$

例 6 求函数 $y = \sin(\sqrt{x^2+1})$ 的导数.

解 令 $u = x^2 + 1$, $v = \sqrt{u}$, $y = \sin v$,则

$$\frac{dy}{dx} = \frac{dy}{dv} \cdot \frac{dv}{du} \cdot \frac{du}{dx}$$
$$= \cos v \cdot \frac{1}{2\sqrt{u}} \cdot 2x$$
$$= \frac{x}{\sqrt{x^2+1}} \cos(\sqrt{x^2+1}).$$

注意

链式法则还可以推广到有限次的复合运算上去.

在比较熟练地掌握了对复合函数的分解以后,就不必写出中间变量,只需直接由外向里逐层求导.

4.1.2.3 反函数的求导法则

如果单调连续的函数 $x=\varphi(y)$ 在点 y 处可导,而且 $\varphi'(y)\neq 0$,那么它的反函数 $y=f(x)$ 在对应点 x 处可导,且有

$$f'(x)=\frac{1}{\varphi'(y)},$$

或

$$\frac{\mathrm{d}y}{\mathrm{d}x}=\frac{1}{\frac{\mathrm{d}x}{\mathrm{d}y}}.$$

即若反函数 $y=f(x)$ 在点 x 处的导数存在,它等于直接函数导数的倒数.

例 7 求函数 $y=\arcsin x\;(-1<x<1)$ 的导数.

解 由于 $-1<x<1$,$y=\arcsin x$ 的反函数是

$$x=\sin y\quad\left(-\frac{\pi}{2}<y<\frac{\pi}{2}\right),$$

而

$$x'_y=(\sin y)'=\cos y=\sqrt{1-\sin^2 y}=\sqrt{1-x^2},$$

故

$$y'_x=\frac{1}{x'_y}=\frac{1}{\sqrt{1-x^2}}\quad(-1<x<1),$$

即

$$(\arcsin x)'=\frac{1}{\sqrt{1-x^2}}\quad(-1<x<1).$$

同理可得

$$(\arccos x)'=-\frac{1}{\sqrt{1-x^2}}\quad(-1<x<1),$$

$$(\arctan x)'=\frac{1}{1+x^2}\quad(-\infty<x<+\infty),$$

$$(\mathrm{arccot}\, x)'=-\frac{1}{1+x^2}\quad(-\infty<x<+\infty).$$

4.1.2.4 高阶导数

设物体作变速直线运动,若其运动方程为 $s=s(t)$,则物体在某一时刻的运动速度 v 是路程 s 对时间 t 的**一阶导数**,即

$$v=s'(t)=\frac{\mathrm{d}s}{\mathrm{d}t},$$

而加速度 a 是速度 v 对时间 t 的一阶导数,即

高阶导数

$$a = v'(t) = \frac{dv}{dt}.$$

由以上两式,我们可以得出 $a = v'(t) = [s'(t)]'$,即加速度 a 是 $s(t)$ 的导数的导数,这样就产生了高阶导数,一般地,先给出下列定义:

若函数 $y = f(x)$ 的导函数 $f'(x)$ 在 x 点可导,就称 $f'(x)$ 在点 x 处的导数为函数 $y = f(x)$ 在点 x 处的**二阶导数**,记作 y''、$f''(x)$ 或 $\frac{d^2 y}{dx^2}$,即 $y'' = (y')'$, $f''(x) = [f'(x)]'$, $\frac{d^2 y}{dx^2} = \frac{d}{dx}\left(\frac{dy}{dx}\right)$.

类似地,二阶导数 $y'' = f''(x)$ 的导数叫作函数 $y = f(x)$ 的**三阶导数**,记作 y''', $f'''(x)$ 或 $\frac{d^3 y}{dx^3}$. 以此类推,函数 $y = f(x)$ 的 $n-1$ 阶导数的导数叫作函数 $y = f(x)$ 的 n **阶导数**,记作 $y^{(n)}$, $f^{(n)}(x)$ 或 $\frac{d^n y}{dx^n}$ ($n \geqslant 4$). 二阶及二阶以上的导数统称为**高阶导数**.

例 8 求下列函数的二阶导数.

(1) $y = 3x + 5$; (2) $y = x^2(1 + \ln x)$; (3) $y = \cos^2 \frac{x}{2}$.

解 (1) 因为
$$y' = (3x + 5)' = 3,$$
故
$$y'' = 3' = 0.$$

(2) 因为
$$y' = [x^2(1 + \ln x)]' = (x^2)'(1 + \ln x) + x^2 \cdot \frac{1}{x}$$
$$= 2x(1 + \ln x) + x = 3x + 2x \ln x,$$
故
$$y'' = (3x + 2x \ln x)' = 3 + 2\ln x + 2x \cdot \frac{1}{x} = 5 + 2\ln x.$$

MATLAB 求解 启动 MATLAB,新建 M 文件,输入如下代码:

```
clear clc
syms x; %定义变量 x
y = x^2 * (1 + log(x)); %给出函数
dy = diff(y) %函数 y 对 x 求导
ddy = diff(dy) %函数 dy 对 x 求导
```

运行结果:dy = x + 2 * x * (log(x) + 1)
　　　　 ddy = 2 * log(x) + 5.

(3) 因为
$$y' = \left(\cos^2 \frac{x}{2}\right)' = 2\cos \frac{x}{2}\left(\cos \frac{x}{2}\right)'\left(\frac{x}{2}\right)' = -\frac{1}{2}\sin x,$$

故 $$y'' = \left(-\frac{1}{2}\sin x\right)' = -\frac{1}{2}\cos x.$$

4.1.2.5 隐函数及其求导法则

1. 隐函数定义

隐函数及
其求导法则

前面所讨论的函数,其因变量 y 与自变量 x 之间的关系,可以用解析法表示为 $y=f(x)$,如 $y=x-2$,$y=3x^2-5x+1$,$y=\mathrm{e}^x-3$ 等,这种形式的函数称为**显函数**.

另外一种函数因变量 y 与自变量 x 的函数关系是由一个含 x 和 y 的方程 $F(x,y)=0$ 所确定的,即因变量 y 与自变量 x 的关系隐含在方程 $F(x,y)=0$ 中,我们称这种由未解出因变量的方程所确定的 y 与 x 之间的函数关系为**隐函数**.

2. 隐函数求导法则

隐函数如何求导呢?一种做法是从方程 $F(x,y)=0$ 中解出 y,写成显函数的形式 $y=f(x)$ 再求导,例如方程 $5x^2+4y-1=0$,解出 y,得到显函数 $y=\dfrac{1-5x^2}{4}$.

但有时将隐函数化为显函数是很困难的,甚至是不可能的,例如方程 $xy^2=\mathrm{e}^{x^2+y}$ 就很难解出 $y=f(x)$,那么此时怎样求导呢?

我们以求由方程 $x^2+y^2=4$ 确定的隐函数的导数 y'_x 为例给大家介绍隐函数的求导法则.

第一步:将 y 看成关于 x 的函数,方程两边同时对 x 求导,即 $(x^2)'+(y^2)'=(4)'$ 得 $2x+2yy'_x=0$.

第二步:解出 y'_x 即为所求隐函数的导数,即 $y'_x = -\dfrac{x}{y}$.

例 9 求由方程 $\mathrm{e}^y=2x+3y$ 确定的隐函数的导数 y'_x.

解 方程两边对 x 求导,得
$$\mathrm{e}^y \cdot y'_x = 2+3y'_x,$$
解得
$$y'_x = \frac{2}{\mathrm{e}^y-3}.$$

MATLAB 求解 启动 MATLAB,新建 M 文件,输入如下代码:

```
clear
clc
syms x;
g = sym('exp(y(x)) = 2*x+3*y(x)');
dgdx = diff(g, x);
dgdx1 = subs(dgdx,'diff(y(x),x)','dydx');
dydx = solve(dgdx1,'dydx')
```

运行结果:dydx = 2/(exp(y(x))-3).

下面我们看方程 $y=x^x$,对于这类方程我们怎么求 $\dfrac{\mathrm{d}y}{\mathrm{d}x}$ 呢?

一般地,我们设 $y=u(x)^{v(x)}$,求 $\dfrac{dy}{dx}$.

先对两边求对数:$\ln y = v(x)\ln u(x)$,这就是一个隐函数,

在两边对 x 求导数:$\dfrac{1}{y}\dfrac{dy}{dx}=v'(x)\ln u(x)+v(x)\dfrac{u'(x)}{u(x)}$,

得

$$\dfrac{dy}{dx}=y[v'(x)\ln u(x)+v(x)\dfrac{u'(x)}{u(x)}]$$
$$=u(x)^{v(x)}v'(x)\ln u(x)+v(x)u(x)^{v(x)-1}u'(x).$$

这种方法称为**对数求导法**.

最后令 $u(x)=v(x)=x$,则 $\dfrac{dy}{dx}=x^x \cdot 1 \cdot \ln x + x \cdot x^{x-1} \cdot 1 = x^x[\ln x + 1]$.

例 10 求 $y=x^{\sin x}$ 的导数 $(x>0)$.

解 两边取自然对数,得

$$\ln y = \sin x \ln x,$$

两边同时对 x 求导,得

$$\dfrac{1}{y}y'_x = \cos x \ln x + \dfrac{1}{x}\sin x,$$

所以

$$y'_x = y\left(\cos x \ln x + \dfrac{1}{x}\sin x\right) = x^{\sin x}\left(\cos x \ln x + \dfrac{1}{x}\sin x\right).$$

MATLAB 求解 启动 MATLAB,新建 M 文件,输入如下代码:

```
clear clc
syms x
g = sym(' log(y(x)) = sin(x) * log(x)')
dgdx = diff(g, x)
dgdx1 = subs(dgdx,' diff(y(x),x)',' dydx')
dydx = solve(dgdx1,' dydx')
```

运行结果:dydx = y(x) * (cos(x) * log(x) + sin(x)/x).

4.1.2.6 参数方程所确定的函数的求导法则

我们知道圆的参数方程为 $\begin{cases} x=a\cos\theta, \\ y=a\sin\theta. \end{cases}$ $(a>0,\theta$ 为参数),那么对这种形式的函数,如何求 $\dfrac{dy}{dx}$ 呢?

一般情况下参数方程 $\begin{cases} x=\phi(t), \\ y=\varphi(t). \end{cases}$ 确定了 y 是 x 的函数,其中 $x=\phi(t)$,$y=\varphi(t)$ 都可导,且 $\phi'(t)\neq 0$,t 为参数,根据复合函数的求导法则与反函数的求导法则,就有

$$\frac{dy}{dx} = \frac{dy}{dt} \cdot \frac{dt}{dx} = \frac{\frac{dy}{dt}}{\frac{dx}{dt}},$$

即
$$\frac{dy}{dx} = \frac{\varphi'(t)}{\phi'(t)}.$$

这就是**由参数方程所确定的函数的导数公式**.

例 11 已知圆的参数方程 $\begin{cases} x = a\cos\theta, \\ y = a\sin\theta \end{cases}$ ($a > 0$, θ 为参数). 求 $\dfrac{dy}{dx}$.

解 根据参数方程的求导公式得

$$\frac{dx}{d\theta} = -a\sin\theta, \quad \frac{dy}{d\theta} = a\cos\theta,$$

进而
$$\frac{dy}{dx} = \frac{\frac{dy}{d\theta}}{\frac{dx}{d\theta}} = \frac{a\cos\theta}{-a\sin\theta} = -\cot\theta.$$

下面我们归纳出基本初等函数的求导公式,见表 4-1.

表 4-1　　　　　　　　　　　基本初等函数的求导公式

序号	求导公式	序号	求导公式
(1)	$(C)' = 0$ (C 为常数)	(9)	$(\tan x)' = \sec^2 x$
(2)	$(x^\alpha)' = \alpha x^{\alpha - 1}$ ($\alpha \neq 0$)	(10)	$(\cot x)' = -\csc^2 x$
(3)	$(a^x)' = a^x \ln a$ ($a > 0$)	(11)	$(\sec x)' = \sec x \tan x$
(4)	$(e^x)' = e^x$	(12)	$(\csc x)' = -\csc x \cot x$
(5)	$(\log_a x)' = \dfrac{1}{x \ln a}$ ($a > 0$, 且 $a \neq 1$)	(13)	$(\arcsin x)' = \dfrac{1}{\sqrt{1-x^2}}$
(6)	$(\ln x)' = \dfrac{1}{x}$	(14)	$(\arccos x)' = -\dfrac{1}{\sqrt{1-x^2}}$
(7)	$(\sin x)' = \cos x$	(15)	$(\arctan x)' = \dfrac{1}{1+x^2}$
(8)	$(\cos x)' = -\sin x$	(16)	$(\text{arccot } x)' = -\dfrac{1}{1+x^2}$

课后提升

1. 求下列函数的导数.

(1) $y = 4x^3 + 2x - 1$;　　(2) $y = x\cos x - \sin x$;　　(3) $y = \dfrac{2x + 4}{x^4}$;

(4) $y = \sqrt{x} \ln x$;　　(5) $y = 2e^x \cos x$;　　(6) $y = x\log_2 x + \lg 2$.

2. 求下列函数的导数.

(1) $y=(3x+1)^3$； (2) $y=e^{-kx^2}$； (3) $y=\ln^2 x$；

(4) $y=\sqrt{1+x^2}$； (5) $y=\sin^2\dfrac{x^2}{2}$； (6) $y=\cos ax\sin bx$.

3. 求下列函数的二阶导数 $\dfrac{d^2 y}{dx^2}$.

(1) $y=e^x\sin x$； (2) $y=2x^2+\ln x$.

4. 求下列高阶导数的值.

(1) $f(x)=e^{2x-1}$，$f''(0)$； (2) $f(x)=x^4+x^3+x^2+x+1$，$f''(1)$.

5. 求由下列方程所确定的隐函数的导数 $\dfrac{dy}{dx}$.

(1) $y=1-xe^y$； (2) $x^2+y^2-xy=1$.

6. 取对数求 $e^y=xy$ 的导数.

7. 求下列参数方程所确定的函数的导数 $\dfrac{dy}{dx}$.

(1) $\begin{cases} x=1-t^2, \\ y=t-t^3; \end{cases}$ (2) $\begin{cases} x=\sin t, \\ y=t. \end{cases}$

8. 已知参数方程 $\begin{cases} x=e^t\sin t, \\ y=e^t\cos t, \end{cases}$ 求当 $t=\dfrac{\pi}{3}$ 时的导数.

答 案

1. (1) $y'=12x^2+2$； (2) $y'=-x\sin x$； (3) $y'=-\dfrac{6x+16}{x^5}$； (4) $y'=\dfrac{\ln x+2}{2\sqrt{x}}$；

(5) $y'=2e^x(\cos x-\sin x)$； (6) $y'=\log_2 x+\dfrac{1}{\ln 2}$.

2. (1) $y'=9(3x+1)^2$； (2) $y'=-2kxe^{-kx^2}$； (3) $y'=\dfrac{2\ln x}{x}$； (4) $y'=\dfrac{x}{\sqrt{1+x^2}}$；

(5) $y'=x\sin x^2$； (6) $y'=-a\sin ax\sin bx+b\cos ax\cos bx$.

3. (1) $y'=e^x(\sin x+\cos x)$，$y''=e^x(\sin x+\cos x)+e^x(\cos x-\sin x)=2e^x\cos x$；

(2) $y'=4x+\dfrac{1}{x}$，$y''=4-\dfrac{1}{x^2}$.

4. (1) $\dfrac{4}{e}$； (2) 20.

5. (1) $y'=\dfrac{-e^y}{(1+xe^y)}$； (2) $y'=\dfrac{y-2x}{2y-x}$.

6. $y'=\dfrac{y}{x(y-1)}$.

7. (1) $\dfrac{1-3t^2}{-2t}$； (2) $\dfrac{1}{\cos t}$.

8. $\dfrac{1-\sqrt{3}}{1+\sqrt{3}}$.

4.2 微分的概念与运算

案例

有一批半径为 1 cm 的球,为了提高球面的光洁度,要镀上一层铜,厚度定为 0.01 cm,估计一下,每只球需用铜多少克(铜的密度:8.9 g/cm³)?

案例分析

设球的体积 $V = \frac{4}{3}\pi R^3$,镀铜的体积为 ΔV,镀铜的厚度为 ΔR,铜的质量为 m,则

$$\Delta V = V(R+\Delta R) - V(R)$$
$$= \frac{4}{3}\pi(R+\Delta R)^3 - \frac{4}{3}\pi R^3$$
$$= \frac{4}{3}\pi[1.01^3 - 1^3]$$
$$= 0.127 \text{ cm}^3,$$
$$m = \rho_{铜} \Delta V = 1.13 \text{ g}.$$

我们注意到,当球的厚度有微小变化 ΔR 时,镀铜的体积 ΔV 的精确计算会相当麻烦,同时我们发现本案例只是估算镀铜的质量,所以我们只需要计算出 ΔV 的近似值即可. 由此我们引出微分学中的另一个基本概念——函数的微分.

4.2.1 微分的概念

4.2.1.1 微分的定义

计算函数增量 $\Delta y = f(x_0 + \Delta x) - f(x_0)$ 是我们非常关心的. 一般说来函数的增量的计算是比较复杂的,我们希望寻求计算函数增量的近似计算方法.

先分析一个具体问题,一块正方形金属薄片受温度变化的影响,其边长由 x_0 变到 $x_0 + \Delta x$(图 4-3),问此薄片的面积改变了多少?

设此薄片的边长为 x,面积为 s,则 s 是 x 的函数:$s = x^2$. 薄片受温度变化的影响时面积的改变量,可以看成是当自变量 x 自 x_0 取得增量 Δx 时,函数 s 相应的增量 Δs,即

$$\Delta s = (x_0 + \Delta x)^2 - x_0^2 = 2x_0 \Delta x + (\Delta x)^2.$$

从上式可以看出,Δs 分成两部分,第一部分 $2x_0\Delta x$ 是 Δs 的线性函数,即图中带有斜线的两个矩形面积之和,而第二部分 $(\Delta x)^2$ 在图中是带有交叉斜线的小正方形的面积,当 $\Delta x \to 0$ 时,第二部分 $(\Delta x)^2$ 是比 Δx 高阶的无穷小,即 $(\Delta x)^2 = o(\Delta x)$. 由此可见,如果边长改变很微小,即 $|\Delta x|$ 很小时,$(\Delta x)^2$ 可忽略不计,面积的改变量 $\Delta s \approx 2x_0 \Delta x$.

微分的概念

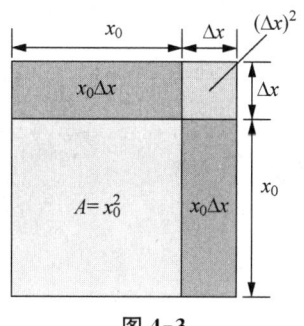

图 4-3

因为 $s'|_{x=x_0}=2x_0$，由 $\Delta s \approx 2x_0 \Delta x$ 可知，Δs 近似地等于面积 s 在 $x=x_0$ 处的导数与边长增量 Δx 的乘积，即

$$\Delta s \approx s'|_{x=x_0} \cdot \Delta x.$$

从上式看出，函数的增量 Δs 与自变量的增量 Δx 之间建立了一个简单的线性近似关系式，其中，一次项的系数又恰好是函数在点 x_0 处的导数，这是一个比较精确又便于计算函数增量的近似表达式。那对于一般函数 $y=f(x)$ 该结论是否也成立呢？当 $y=f(x)$ 在讨论的点可导时，答案是肯定的。

设有函数 $y=f(x)$，如果 $f(x)$ 在 x 处可导，即有

$$\lim_{\Delta x \to 0} \frac{\Delta y}{\Delta x} = f'(x),$$

根据无穷小与极限的关系，有

$$\frac{\Delta y}{\Delta x} = f'(x) + \alpha,$$

其中，$\lim_{\Delta x \to 0} \alpha = 0$，所以 $\Delta y = f'(x) \cdot \Delta x + \alpha \cdot \Delta x$。

这样，Δy 由两部分组成，一部分是 Δx 的线性函数 $f'(x)\Delta x$，称为 Δy 的**线性主部**；另一部分 $\alpha \cdot (\Delta x)$，当 $\Delta x \to 0$ 时，是比 Δx 高阶的无穷小。如果将 Δy 的线性主部作为 Δy 的近似计算公式，则有计算简单，近似程度高的优点，这一部分，我们称其为函数的微分。

定义1 设函数 $y=f(x)$ 在 x 点处可导，称 $f'(x) \cdot \Delta x$ 为函数 $y=f(x)$ 在点 x 处的**微分**，记作 dy，即

$$dy = f'(x) \cdot \Delta x. \tag{4.2.1}$$

因为当 $y=x$ 时，$dx=x' \cdot \Delta x = \Delta x$，即自变量的微分 dx 就是自变量的增量 Δx，所以函数的微分记作

$$dy = f'(x) \cdot dx. \tag{4.2.2}$$

这表明函数的微分等于函数的导数与自变量微分的乘积。

若在式(4.2.2)两边同时除以 dx，得 $\dfrac{dy}{dx}=f'(x)$，说明函数的导数等于函数的微分与自变量微分之商。因此，导数亦称**微商**。

定义2 若函数在区间 I 上的每一点都可微，则称函数 $y=f(x)$ 在区间 I 上可微，或称 $f(x)$ 为区间 I 上的**可微函数**。

> **注意**
>
> 以前导数的记号 $\dfrac{dy}{dx}$ 是作为一个整体来看的，现在此记号就可看成是分子为 dy，分母为 dx 的分式。

例1 求函数 $y=x^3$ 在 $x_0=2$ 处的微分，并求此时 $dx=\Delta x=0.01$ 时的增量 Δy 与微分 dy。

解 $dy|_{x=2} = (x^3)'dx|_{x=2} = 3x^2 dx|_{x=2} = 12dx$。

当 $\Delta x = 0.01$ 时

$$\begin{aligned}\Delta y &= f(x_0+\Delta x)-f(x_0)\\ &=(2+0.01)^3-2^3\\ &=8.120\,601-8\\ &=0.120\,601.\end{aligned}$$

$$dy\Big|_{\substack{x_0=2\\dx=0.01}} = (x^3)'dx\Big|_{\substack{x_0=2\\dx=0.01}} = 3x^2 dx\Big|_{\substack{x_0=2\\dx=0.01}} = 3\times 2^2 \times 0.01 = 0.12.$$

例 2 求函数 $y = \ln(x+1)$ 的微分 dy.

解 $dy = y' dx = \dfrac{1}{x+1} dx$.

例 3 求 $y = \sin^3 x$ 的微分 dy.

解 $dy = y' dx = 3\sin^2 x \cos x \, dx$.

4.2.1.2 微分的几何意义

为了对微分有比较直观的了解,我们来说明微分的几何意义.

在直角坐标系中,函数 $y = f(x)$ 的图形是一条曲线.对于某一固定的 x_0 值,曲线上有一个确定点 $M(x_0, y_0)$,当自变量 x 有微小增量 Δx 时,就得到曲线上另一点 $N(x_0 + \Delta x, y_0 + \Delta y)$. 从图 4-4 可知,

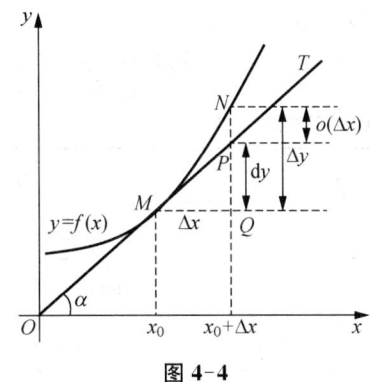

图 4-4

$$MQ = \Delta x, \quad QN = \Delta y.$$

过 M 点作曲线的切线 MT,它的倾角为 α,则

$$QP = MQ \cdot \tan \alpha = \Delta x \cdot f'(x_0),$$

即 $dy = QP$.

由此可见,当 Δy 是曲线 $y = f(x)$ 上的 M 点的纵坐标的增量时,dy 就是**曲线的切线上 M 点的纵坐标的相应增量**. 当 $|\Delta x|$ 很小时,$\Delta y \approx dy$. 因此在点 M 的邻近,我们可以用切线段来近似代替曲线段.

 课后提升

1. 求函数 $y = x^2 - 2x + 3$ 当 $x = 2$,$dy = \Delta x = 0.01$ 时的增量 Δy 与微分 dy.
2. 求函数 $y = x^2$ 当 $x = 3$ 时的微分.
3. 求下列函数的微分.

   (1) $y = \dfrac{x}{1 - x^2}$; (2) $y = x \sin x + \cos x$;

   (3) $y = \ln(1 + x^4)$; (4) $y = e^{-x} - \cos(3 - x)$.

答 案

1. $\Delta y = 0.0201$, $dy = 0.02$.
2. $dy = 6dx$.
3. (1) $dy = \dfrac{1+x^2}{(1-x^2)^2}dx$; (2) $dy = x\cos x\,dx$; (3) $dy = \dfrac{4x^3}{1+x^4}dx$;
   (4) $dy = [-e^{-x} - \sin(3-x)]dx$.

微分的运算

4.2.2 微分的运算

4.2.2.1 基本初等函数的微分公式

上一节我们已经学过函数 $y = f(x)$ 的微分为 $dy = f'(x)dx$，所以由基本初等函数的求导公式，我们得到基本初等函数的微分公式，见表 4-2.

表 4-2　　基本初等函数的微分公式

序号	微分公式	序号	微分公式
(1)	$dC = 0$ (C 为常数)	(9)	$d(\tan x) = \sec^2 x\,dx$
(2)	$d(x^\alpha) = \alpha x^{\alpha-1}dx$ ($\alpha \neq 0$)	(10)	$d(\cot x) = -\csc^2 x\,dx$
(3)	$d(a^x) = a^x \ln a\,dx$ ($a > 0$)	(11)	$d(\sec x) = \sec x \tan x\,dx$
(4)	$d(e^x) = e^x dx$	(12)	$d(\csc x) = -\csc x \cot x\,dx$
(5)	$d(\log_a x) = \dfrac{1}{x \ln a}dx$ ($a > 0$, 且 $a \neq 1$)	(13)	$d(\arcsin x) = \dfrac{1}{\sqrt{1-x^2}}dx$
(6)	$d(\ln x) = \dfrac{1}{x}dx$	(14)	$d(\arccos x) = -\dfrac{1}{\sqrt{1-x^2}}dx$
(7)	$d(\sin x) = \cos x\,dx$	(15)	$d(\arctan x) = \dfrac{1}{1+x^2}dx$
(8)	$d(\cos x) = -\sin x\,dx$	(16)	$d(\text{arccot}\,x) = -\dfrac{1}{1+x^2}dx$

4.2.2.2 微分的四则运算

设函数 $u(x), v(x)$ 在区间 I 上均可微，则

(1) $d(u+v) = du + dv$;　　(2) $d(Cu) = Cdu$ (C 为常数);

(3) $d(uv) = vdu + udv$;　　(4) $d\left(\dfrac{u}{v}\right) = \dfrac{vdu - udv}{v^2}$ ($v \neq 0$).

例 1　求下列函数的微分：

(1) $y = 2x^2 - 3x + 2$;　(2) $y = (3x+2)e^x$;　(3) $y = \dfrac{x^2}{x+1}$.

解 (1)
$$dy = d(2x^2 - 3x + 2)$$
$$= d(2x^2) - d(3x) + d(2)$$
$$= 2d(x^2) - 3dx + 0$$
$$= 4x\,dx - 3\,dx$$
$$= (4x - 3)dx.$$

(2)
$$dy = d[(3x+2)e^x]$$
$$= e^x d(3x+2) + (3x+2)de^x$$
$$= 3e^x dx + (3x+2)e^x dx$$
$$= (3x+5)e^x dx.$$

(3)
$$dy = \frac{(x+1)d(x^2) - x^2 d(x+1)}{(x+1)^2}$$
$$= \frac{2x(x+1)dx - x^2 dx}{(x+1)^2}$$
$$= \frac{(x^2+2x)dx}{(x+1)^2}.$$

4.2.2.3 复合函数的微分法则

设 $y = f(u)$，$u = \varphi(x)$，且函数 φ 在 x 处可导，函数 f 在相应的点 u 处可导，则复合函数 $y = f[\varphi(x)]$ 的微分为

$$dy = f'(u)\varphi'(x)dx,$$

由于 $\varphi'(x)dx = du$，故

$$dy = f'(u)du.$$

例 2 设 $y = \cos x^2$，求 dy。

解 由微分形式不变性得
$$dy = \cos'x^2 d(x^2)$$
$$= -\sin x^2 \cdot 2x\,dx$$
$$= -2x\sin x^2 dx.$$

例 3 在下列括号中填入适当的函数，使等式成立。

(1) d( ) $= 2dx$； (2) d( ) $= \dfrac{1}{1+x}dx$。

解 (1) 因为 $(2x+c)' = 2$，由微分定义得 $d(2x+c) = 2dx$。

(2) 因为 $(\ln|x+1|+c)' = \dfrac{1}{x+1}$，由微分定义得 $d(\ln|x+1|+c) = \dfrac{1}{x+1}dx$。

注意

当 u 是自变量时，函数 $y = f(u)$ 的微分 dy 也具有上述形式，因此，不管 u 是自变量还是因变量，上式的右端总表示函数的微分，这一性质称为**微分形式不变性**。

4.2.2.4 微分在近似计算中的应用

在 $f'(x_0) \neq 0$ 的条件下,当 $\Delta x \to 0$ 时以微分 $dy = f'(x_0)\Delta x$ 近似代替增量 $\Delta y = f(x_0 + \Delta x) - f(x_0)$,相对误差趋于零. 因此,在 $|\Delta x|$ 很小时,有精确度较好的近似等式

$$\Delta y \approx dy = f'(x_0)\Delta x, \qquad (4.2.3)$$

即

$$f(x_0 + \Delta x) \approx f(x_0) + f'(x_0)\Delta x. \qquad (4.2.4)$$

下面看本章案例,我们用式(4.2.3)来求解.

因为 $dV = (V)' \cdot dR = 4\pi R^2 dR$,将 $R = 2$,$dR = \Delta R = 0.01$ 代入得

$$dV \Big|_{\substack{R=1 \\ dR=0.01}} = 4\pi R^2 dR \Big|_{\substack{R=1 \\ dR=0.01}} = 4\pi \times 1^2 \times 0.01 = 0.126 \text{ cm}^3,$$

$$m = \rho_{铜} \Delta V \approx \rho_{铜} dV = 8.9 \times 0.126 = 1.12 \text{ g}.$$

我们发现用微分来求解,运算简单,且结果逼近实际值.

例 4 一金属圆薄片,半径为 20 cm,加热后半径增大了 0.05 cm,求圆的面积增大了多少?

解 圆面积公式为 $s = \pi r^2$(r 为半径),$r = 20$ cm,$dr = \Delta r = 0.05$ cm,利用公式(4.2.3)得

$$\Delta s \approx ds = (\pi r^2)' \Big|_{\substack{R=20 \\ dR=0.05}} dr = 2\pi \times 20 \times 0.05 = 2\pi \text{ cm}^2.$$

因此,当半径增大 0.05 cm 时,圆面积增大了 2π cm^2.

例 5 计算 $\sin 60°30'$ 的近似值.

解 记 $f(x) = \sin x$(x 为弧度),$f'(x) = \cos x$,$x_0 = \dfrac{\pi}{3}$,$\Delta x = 30' = \dfrac{\pi}{360}$,则由公式(4.2.4)

$$f(x_0 + \Delta x) \approx f(x_0) + f'(x_0)\Delta x,$$

有

$$\sin 60°30' = \sin\left(\dfrac{\pi}{3} + \dfrac{\pi}{360}\right)$$

$$\approx \sin\dfrac{\pi}{3} + \cos\dfrac{\pi}{3} \cdot \dfrac{\pi}{360}$$

$$= \dfrac{\sqrt{3}}{2} + \dfrac{1}{2} \cdot \dfrac{\pi}{360}$$

$$\approx 0.87.$$

课后提升

1. 求下列函数的微分.

(1) $y=3x^2-x+5$; (2) $y=e^{\sin x}$; (3) $y=e^x\cos x$;

(4) $y=\cos 3x$; (5) $y=x\sin 2x$; (6) $y=\ln(1-x)$.

2. 用微分形式不变形求下列函数的微分.

(1) $y=\sin(3x+1)$; (2) $y=e^{x^2+1}$.

3. 将合适的函数填入下列括号内,使等式成立.

(1) $d(\quad)=3dx$; (2) $d(\quad)=2xdx$; (3) $d(\quad)=e^x dx$;

(4) $d(\quad)=\sin t dt$; (5) $d(\quad)=\dfrac{1}{1+x^2}dx$; (6) $d(\quad)=\sec^2 x dx$.

4. 求下列各式的近似值.

(1) $e^{1.01}$; (2) $\sqrt[3]{998}$.

5. 造一个半径为 1 m 的球壳,厚度为 1.5 cm,需用材料多少 m^3?

答 案

1. (1) $dy=6x-1$; (2) $dy=e^{\sin x}\cos x dx$; (3) $dy=e^x(\cos x-\sin x)dx$;

(4) $dy=-3\sin 3x$; (5) $dy=\sin 2x+2x\cos 2x$; (6) $dy=\dfrac{1}{x-1}$.

2. (1) $dy=\sin'(3x+1)d(3x+1)=\cos(3x+1)(3x+1)'dx=3\cos(3x+1)dx$;

(2) $dy=(e^{x^2+1})'d(x^2+1)=e^{x^2+1}(x^2+1)'dx=2xe^{x^2+1}dx$.

3. (1) $d(3x+c)=3dx$; (2) $d(x^2+c)=2xdx$;

(3) $d(e^x+c)=e^x dx$; (4) $d(-\cos t+c)=\sin t dt$;

(5) $d(\ln(1+x)+c)=\dfrac{1}{1+x^2}dx$; (6) $d(\tan x+c)=\sec^2 x dx$.

4. (1) $f(x)=e^x$, $x_0=1$, $\Delta x=0.01$, $f'(x_0)=e$, $f(x_0)=e$

$f(x_0+\Delta x)-f(x_0)\approx f'(x_0)\Delta x$

$e^{1.01}\approx 1.01e$;

(2) $f(x)=\sqrt[3]{x}$, $x_0=1\,000$, $\Delta x=-2$, $f'(x_0)=\dfrac{1}{300}$, $f(x_0)=10$

$f(x_0+\Delta x)-f(x_0)\approx f'(x_0)\Delta x$

$\sqrt[3]{998}\approx 10-\dfrac{2}{300}=9\dfrac{149}{150}$.

5. $V=\dfrac{4}{3}\pi R^3$, $dV=4\pi R^2 dR$, $R=1$, $dR=0.015$.

$\Delta V\approx dV=0.06\pi\,m^3$.

知识小结

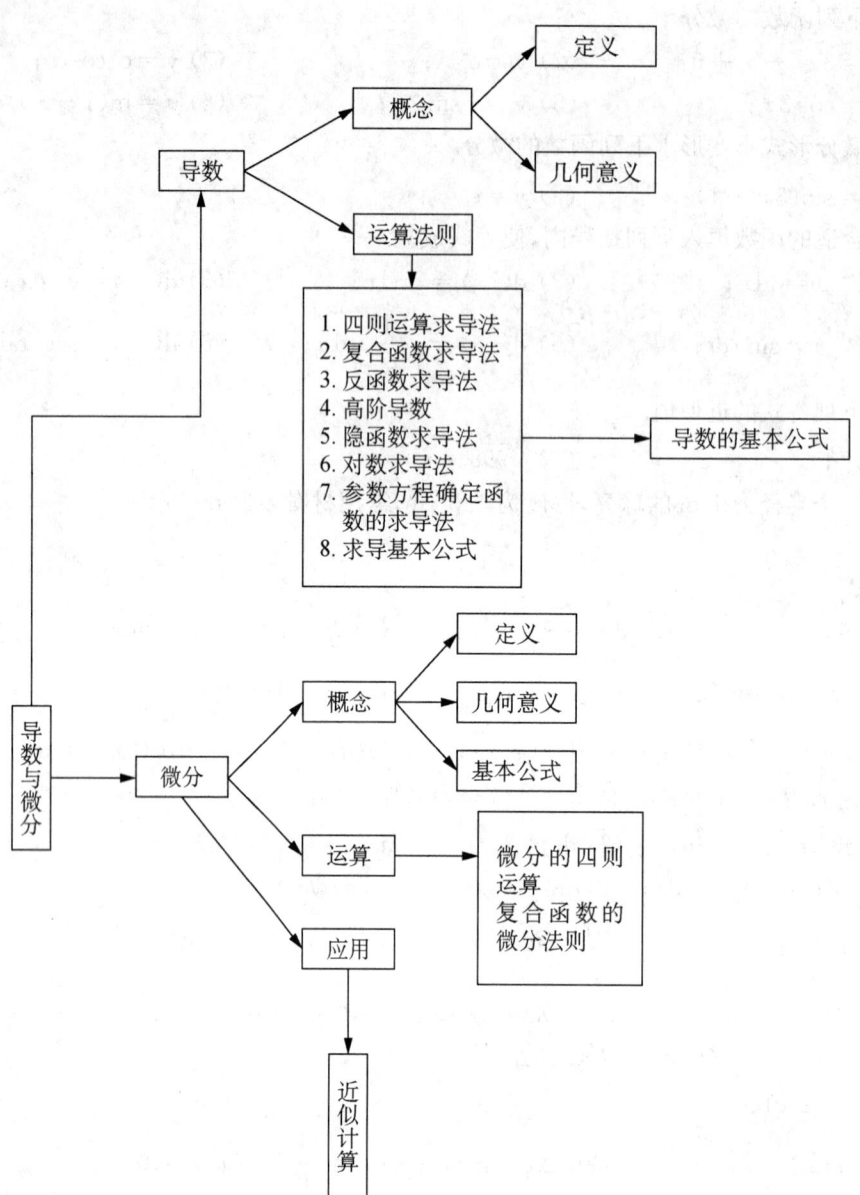

能力提升

1. 填空题

(1) 若 $x=1$,而 $\Delta x=0.1$,则对于 $y=x^2$,Δy 与 dy 之差是____;当 $\Delta x=0.01$ 时,Δy 与 dy 之差是____.

(2) 若 $f(x)=3x^4+2x^3+5$,则 $f'(0)=$____,$f'(1)=$____.

(3) 由参数方程 $\begin{cases} x=\cos^4 t, \\ y=\sin^4 t \end{cases}$ 所确定的函数,在 $t=0$ 时,此函数的导数 $\dfrac{dy}{dx}=$____.

(4) 若已知函数 $f(x)=ax^2+\sin bx+c$,且 $f'(0)=1$,$f'(\pi)=2\pi-1$,则常数 $a=\underline{\quad}$,常数 $b=\underline{\quad}$. 若 $f(0)=2$,则常数 $c=\underline{\quad}$.

(5) 函数 $y=x\sin 2x$ 的微分是___,函数 $y=[\ln(1-x)]^2$ 的微分是___.

(6) 填入适当的函数,使等号成立:d( )$=3x\mathrm{d}x$,d( )$=\sin 2x\mathrm{d}x$,d( )$=\mathrm{e}^{-2x}\mathrm{d}x$.

(7) 设函数 $y=y(x)$ 由方程 $\mathrm{e}^y+xy=\mathrm{e}$ 所确定,则 $y'(0)=\underline{\quad}$,$y''(0)=\underline{\quad}$.

(8) 若抛物线 $y=x^2$ 与 $y=x^3$ 的切线平行,则自变量 x 取值为___.

2. 计算题

(1) 求下列函数的导数.

① $y=3x^2+2$; ② $y=(x^2-1)^3$; ③ $y=x^3\log_3 x$;

④ $y=\dfrac{\tan x}{x}$; ⑤ $y=\dfrac{x}{1-\cos x}$; ⑥ $y=\dfrac{1-x^2}{1+x+x^2}$.

(2) 求下列函数的微分.

① $y=\dfrac{1}{x}+2\sqrt{x}$; ② $y=x\sin 2x$; ③ $y=x^2\mathrm{e}^{2x}$; ④ $y=\arctan\dfrac{1-x^2}{1+x^2}$.

(3) 用定义求函数 $f(x)=x^3$ 在 $x=1$ 处的导数.

(4) 设 $f(x)=\begin{cases}x^2, & x\geqslant 3,\\ ax+b, & x<3.\end{cases}$,试确定 a,b 的值,使 $f(x)$ 在 $x=3$ 处可导.

(5) 求曲线 $y=x^3$ 在点 $P(x_0,y_0)(x_0\neq 0)$ 的切线方程与法线方程.

(6) 试确定曲线 $y=\ln x$ 上哪些点的切线平行于直线 $y=x-1$.

(7) 求 $\sqrt{0.97}$ 的近似值.

(8) 求下列函数的高阶导数.

① $f(x)=x\ln x$,求 $f''(x)$; ② $f(x)=\mathrm{e}^{-x^2}$,求 $f''(x)$.

(9) 设有一个吊桥,其铁链成一抛物线形状,桥两端系于相距 100 m 且高度相同的支柱上,铁链之最低点在悬点(在支柱最下端,即铁链所系之处)下 10 m 处.求铁链与支柱所成的夹角.

答 案

1. ① 0.01,0.000 1. ② 0,18. ③ 0. ④ 1,1,2. ⑤ $(\sin 2x+2x\cos 2x)\mathrm{d}x$,$\dfrac{2\ln(1-x)}{x-1}\mathrm{d}x$. ⑥ $\dfrac{3}{2}x^2+c$,$-\dfrac{1}{2}\cos 2x+c$,$-\dfrac{1}{2}\mathrm{e}^{-2x}+c$. ⑦ $y'(0)=-\mathrm{e}^{-1}$,$y''(0)=\mathrm{e}^{-2}$. ⑧ 0 或 $\dfrac{2}{3}$.

2. (1) ① $y'=6x$; ② $y'=6x(x^2-1)^2$; ③ $y'=3x^2\log_3 x+\dfrac{x^2}{\ln 3}$; ④ $y'=\dfrac{x\sec^2 x-\tan x}{x^2}$;

⑤ $y'=\dfrac{1-\cos x-x\sin x}{(1-\cos x)^2}$; ⑥ $y'=\dfrac{x^2-4x-1}{(x^2+x+1)^2}$.

(2) ① $\mathrm{d}y=\left(-\dfrac{1}{x^2}+\dfrac{\sqrt{x}}{x}\right)\mathrm{d}x$; ② $\mathrm{d}y=(\sin 2x+2x\cos 2x)\mathrm{d}x$; ③ $\mathrm{d}y=2x(1+x)\mathrm{e}^{2x}\mathrm{d}x$;

④ $\mathrm{d}y=\dfrac{-2x}{1+x^4}\mathrm{d}x$.

(3) $f'(1)=3$.

(4) $a=6$, $b=-9$.

(5) 切线方程是 $y-y_0=3x_0^2(x-x_0)$,法线方程为 $y-y_0=-\dfrac{1}{3x_0^2}(x-x_0)$ $(x_0\neq 0)$.

(6) 点 $(1,0)$ 处的切线平行于直线 $y=x-1$.

(7) $\sqrt{0.97}\approx 0.985$.

(8) ① $f'(x)=1+\ln x$, $f''(x)=\dfrac{1}{x}$;

② $f'(x)=-2x\mathrm{e}^{-x^2}$, $f''(x)=-2\mathrm{e}^{-x^2}-2x(-2x\mathrm{e}^{-x^2})=(4x^2-2)\mathrm{e}^{-x^2}$.

(9) 铁链与支柱所成的夹角为 $\dfrac{\pi}{2}-\arctan\dfrac{2}{5}$.

4.3 导数的应用

📝 案例

某房地产公司有 50 套公寓要出租,当租金定位每月 180 元时,公寓会全部租出去.当租金每月每增加 10 元时,就有一套公寓租不出去,而租出去的房子每月需花费 20 元的整修维护费.试问房租定为多少可获得最大收入?

案例分析

上述案例为求最大收入问题,其实可以转化为求函数最大值问题,相信我们学完本章内容就能够轻松解决该问题.

4.3.1 洛必达法则

我们已经掌握了求极限的几种方法,但对 "$\dfrac{0}{0}$","$\dfrac{\infty}{\infty}$" 型的极限,不能直接运用四则运算法则求,那我们如何来求解呢? 下面我们先给出未定式的定义.

洛必达法则

如果 $x \to x_0$(或 $x \to \infty$)时,两个函数 $f(x)$ 和 $g(x)$ 都趋于零或趋于无穷大,那么极限 $\lim\limits_{\substack{x \to x_0 \\ x \to \infty}} \dfrac{f(x)}{g(x)}$ 可能存在,也可能不存在.通常把这种极限叫作**未定式**,并分别记为 "$\dfrac{0}{0}$" 或 "$\dfrac{\infty}{\infty}$".

4.3.1.1 "$\dfrac{0}{0}$" 型未定式极限

定理 1 如果函数 $f(x)$ 和 $g(x)$ 满足下述条件:

(1) $\lim\limits_{x \to x_0} f(x) = \lim\limits_{x \to x_0} g(x) = 0$;

(2) 在点 x_0 的邻域内(点 x_0 可以除外),$f'(x)$ 和 $g'(x)$ 均存在且 $g'(x) \neq 0$;

(3) $\lim\limits_{x \to x_0} \dfrac{f'(x)}{g'(x)} = A$(或 ∞).

则有 $\lim\limits_{x \to x_0} \dfrac{f(x)}{g(x)} = \lim\limits_{x \to x_0} \dfrac{f'(x)}{g'(x)} = A$(或 ∞).

当 $x \to x_0$ 改为 $x \to \infty$ 时,定理仍然成立.

例1 求 $\lim\limits_{x \to 2} \dfrac{x^2 - 5x + 6}{x - 2}$.

解 由洛必达法则得

$$\lim_{x \to 2} \dfrac{x^2 - 5x + 6}{x - 2} = \lim_{x \to 2} \dfrac{2x - 5}{1} = -1.$$

例2 求 $\lim\limits_{x\to 0}\dfrac{e^x-\cos x}{\sin x}$.

解 当 $x\to 0$ 时，分子 $(e^x-\cos x)\to 0$，分母 $\sin x\to 0$，此极限为"$\dfrac{0}{0}$"型. 由洛必达法则得

$$\lim_{x\to 0}\dfrac{e^x-\cos x}{x\sin x}=\lim_{x\to 0}\dfrac{e^x+\sin x}{\cos x}=1.$$

若 $\lim\limits_{x\to x_0}\dfrac{f'(x)}{g'(x)}$ 仍是 "$\dfrac{0}{0}$" 型，且仍满足定理1的条件，则可继续使用洛必达法则，即 $\lim\limits_{x\to x_0}\dfrac{f(x)}{g(x)}=\lim\limits_{x\to x_0}\dfrac{f'(x)}{g'(x)}=\lim\limits_{x\to x_0}\dfrac{f''(x)}{g''(x)}$. 以此类推，直到求出所要求的极限.

例3 求 $\lim\limits_{x\to 0}\dfrac{e^x-e^{-x}-2x}{x-\sin x}$.

解 当 $x\to 0$ 时，分子 $(e^x-e^{-x}-2x)\to 0$，分母 $(x-\sin x)\to 0$，此极限为 "$\dfrac{0}{0}$" 型. 由洛必达法则得

$$\lim_{x\to 0}\dfrac{e^x-e^{-x}-2x}{x-\sin x}=\lim_{x\to 0}\dfrac{e^x+e^{-x}-2}{1-\cos x},$$

此极限仍为 "$\dfrac{0}{0}$" 型. 再由洛必达法则得

$$\lim_{x\to 0}\dfrac{e^x+e^{-x}-2}{1-\cos x}=\lim_{x\to 0}\dfrac{e^x-e^{-x}}{\sin x}=\lim_{x\to 0}\dfrac{e^x+e^{-x}}{\cos x}=2.$$

4.3.1.2 "$\dfrac{\infty}{\infty}$"型未定式极限

定理2 如果函数 $f(x)$ 和 $g(x)$ 满足下述条件：

(1) $\lim\limits_{x\to x_0}f(x)=\lim\limits_{x\to x_0}g(x)=\infty$；

(2) 在点 x_0 的邻域内（点 x_0 可以除外），$f'(x)$ 和 $g'(x)$ 均存在且 $g'(x)\neq 0$；

(3) $\lim\limits_{x\to x_0}\dfrac{f'(x)}{g'(x)}=A$（或 ∞）.

则有 $\lim\limits_{x\to x_0}\dfrac{f(x)}{g(x)}=\lim\limits_{x\to x_0}\dfrac{f'(x)}{g'(x)}=A$（或 ∞）.

当 $x\to x_0$ 改为 $x\to \infty$ 时，定理仍然成立.

例4 求 $\lim\limits_{x\to+\infty}\dfrac{\ln x}{x^\alpha}$ $(\alpha>0)$.

解 上述极限是 "$\dfrac{\infty}{\infty}$" 型，由洛必达法则得

$$\lim_{x \to +\infty} \frac{\ln x}{x^\alpha} = \lim_{x \to \infty} \frac{\frac{1}{x}}{\alpha x^{\alpha-1}} = \lim_{x \to +\infty} \frac{1}{\alpha x^\alpha} = 0.$$

例 5 求 $\lim\limits_{x \to 0} \dfrac{\ln \sin ax}{\ln \sin bx}$.

解 上述极限是"$\dfrac{\infty}{\infty}$"型,由洛必达法则得

$$\lim_{x \to 0} \frac{\ln \sin ax}{\ln \sin bx} = \lim_{x \to 0} \frac{a \cos ax \cdot \sin bx}{b \cos bx \cdot \sin ax} = \lim_{x \to 0} \frac{\cos bx}{\cos ax} = 1.$$

在应用洛必达法则时应注意:

(1) 一定要判别 $\dfrac{f(x)}{g(x)}$ 是否为 "$\dfrac{0}{0}$" 型或 "$\dfrac{\infty}{\infty}$" 型,若是,则可以用;若不是,则一定不能用;

(2) 随时化简并分离出极限不为 0 的确定式因子的极限;

(3) 极限 $\lim\limits_{x \to x_0} \dfrac{f'(x)}{g'(x)}$ 不存在并不能判别 $\lim\limits_{x \to x_0} \dfrac{f(x)}{f(x)}$ 不存在,应该用其他方法来求极限;

(4) 在求极限时遇到 $0 \cdot \infty, \infty - \infty, 0^0, \infty^0, 1^\infty$ 型等未定式时,应先将其化为 "$\dfrac{0}{0}$" 型或 "$\dfrac{\infty}{\infty}$" 型.

4.3.1.3 其他类型的未定式极限

例 6 求 $\lim\limits_{x \to 0^+} x \cdot \ln x$.

解 当 $x \to 0^+$ 时,此极限为 "$0 \cdot \infty$" 型. 先转化成 "$\dfrac{\infty}{\infty}$" 型,再用洛必达法则

$$\lim_{x \to 0^+} x \cdot \ln x = \lim_{x \to 0^+} \frac{\ln x}{\frac{1}{x}} = \lim_{x \to 0^+} \frac{\frac{1}{x}}{-\frac{1}{x^2}} = -\lim_{x \to 0^+} x = 0.$$

例 7 求 $\lim\limits_{x \to \frac{\pi}{2}} (\sec x - \tan x)$.

解 当 $x \to \dfrac{\pi}{2}$ 时,此极限为 "$\infty - \infty$" 型. 先将其变形为

$$\lim_{x \to \frac{\pi}{2}} \left(\frac{1}{\cos x} - \frac{\sin x}{\cos x} \right) = \lim_{x \to \frac{\pi}{2}} \frac{1 - \sin x}{\cos x},$$

此极限转化为 "$\dfrac{0}{0}$" 型,再用洛必达法则得

$$\lim_{x \to \frac{\pi}{2}} \frac{1 - \sin x}{\cos x} = \lim_{x \to \frac{\pi}{2}} \frac{-\cos x}{-\sin x} = 0.$$

课后提升

1. 判断下列极限属于何种未定型,并计算各式的值.

   (1) $\lim\limits_{x \to +\infty} \dfrac{\ln x}{x}$; (2) $\lim\limits_{x \to \pi} \dfrac{\sin 3x}{\tan 5x}$;

   (3) $\lim\limits_{x \to +\infty} \dfrac{\ln(e^x + 1)}{e^x}$; (4) $\lim\limits_{x \to 0} \dfrac{1 - \cos x}{x^2}$.

2. 用洛必达法则求下列极限.

   (1) $\lim\limits_{x \to 0} \dfrac{\ln(x+1)}{x}$; (2) $\lim\limits_{x \to 0} \dfrac{e^x - e^{-x}}{\sin x}$;

   (3) $\lim\limits_{x \to a} \dfrac{\sin x - \sin a}{x - a}$; (4) $\lim\limits_{x \to 0} \dfrac{e^x - x - 1}{x(e^x - 1)}$.

3. 下列极限是否存在?是否可用洛必达法则求极限,为什么?

   (1) $\lim\limits_{x \to 0} \dfrac{e^x - \cos x}{x \sin x}$; (2) $\lim\limits_{x \to \infty} \dfrac{x + \sin x}{x}$.

4. 求下列极限.

   (1) $\lim\limits_{x \to 1}\left(\dfrac{x}{x-1} - \dfrac{1}{\ln x}\right)$; (2) $\lim\limits_{x \to 0^+} x^x$.

答 案

1. (1) $\dfrac{\infty}{\infty}$ 型, 0; (2) $\dfrac{0}{0}$ 型, $-\dfrac{3}{5}$; (3) $\dfrac{\infty}{\infty}$ 型, 0; (4) $\dfrac{0}{0}$ 型, $\dfrac{1}{2}$.

2. (1) 1; (2) 2; (3) $\cos a$; (4) $\dfrac{1}{2}$.

3. (1) 不存在; (2) 存在,极限为 2.

4. (1) $\dfrac{1}{2}$; (2) 1.

4.3.2 函数的单调性

函数的单调性是函数的重要性态,它反映了函数随自变量增大而增大(减少)的一个特征.如图 4-5,图 4-6 分别表示函数 $y = 2^x$ 和函数 $y = 3^{-x}$ 的图象,

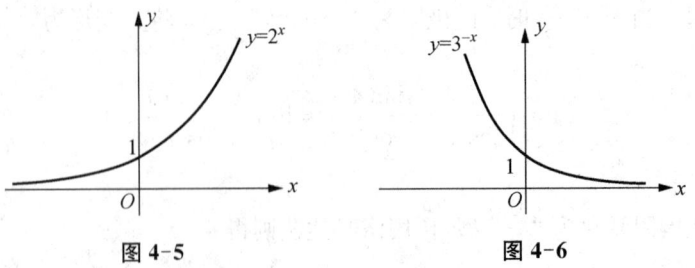

图 4-5　　　　　图 4-6

我们通过图象不难看出,函数 $y = 2^x$ 在其定义域内是单调递增函数;函数 $y = 3^{-x}$ 在其定义域内是单调递减函数. 但是利用函数单调性的定义来判别其

在某区间上的单调性往往比较麻烦,下面我们给出如何用导数的方法来判断函数的单调性.

4.3.2.1 函数单调性判定定理

> **定理 1** 设函数 $y=f(x)$ 在 (a,b) 内可导,
> (1) 若在 (a,b) 内 $f'(x) \geqslant 0$,则函数 $y=f(x)$ 在 (a,b) 上单调增加;
> (2) 若在 (a,b) 内 $f'(x) \leqslant 0$,则函数 $y=f(x)$ 在 (a,b) 上单调减少.

那具体怎么来求给定函数的单调区间呢?下面我们给出求解步骤.

4.3.2.2 求函数的单调区间的步骤

(1) 求出函数 $f(x)$ 的定义域;
(2) 求函数的导数 $f'(x)$;
(3) $f'(x)>0$ 的解集与定义域的交集的对应区间为增区间;
$f'(x)<0$ 的解集与定义域的交集的对应区间为减区间.

例 1 确定函数 $f(x)=2x^3+3x^2-12x+1$ 的单调区间.

解 函数的定义域为 $(-\infty,+\infty)$,且函数在 $(-\infty,+\infty)$ 内可导,
$f'(x)=6x^2+6x-12.$
(1) 当 $f'(x)>0$,即 $6x^2+6x-12>0$,得 $x>1$ 或 $x<-2$;
(2) 当 $f'(x)<0$,即 $6x^2+6x-12<0$,得 $-2<x<1$.
根据函数单调性判定定理可知,函数 $f(x)=2x^3+3x^2-12x+1$ 的单调递增区间为 $(1,+\infty)$ 和 $(-\infty,-2)$,单调递减区间为 $(-2,1)$.

例 2 求函数 $y=2x+\dfrac{8}{x}(x>0)$ 的单调区间.

解 函数 $y=2x+\dfrac{8}{x}(x>0)$ 的定义域为 $(0,+\infty)$,在 $(0,+\infty)$ 内可导,且

$$y'=2-\frac{8}{x^2}=\frac{2x^2-8}{x^2}=\frac{2(x-2)(x+2)}{x^2}.$$

(1) 当 $y'>0$,即 $\dfrac{2(x-2)(x+2)}{x^2}>0$,得 $x<-2$ 或 $x>2$;

(2) 当 $y'<0$,即 $\dfrac{2(x-2)(x+2)}{x^2}<0$,得 $-2<x<2$,

结合函数的定义域 $x \in (0,+\infty)$,得函数 $y=2x+\dfrac{8}{x}$ 的单调增区间为 $(2,+\infty)$,单调减区间为 $(0,2)$.

> **课后提升**
>
> 求下列各函数的单调区间.
>
> (1) $y = x^3 - 3x$;　　(2) $y = x^2 + e^x - xe^x$;　　(3) $y = \ln(x+1) - x$;
>
> (4) $y = x - e^x$;　　(5) $y = x - 2\sin x$ ($0 \leqslant x \leqslant 2\pi$).
>
> **答　案**
>
> (1) 单增区间：$(-\infty, -1) \cup (1, +\infty)$，单减区间：$(-1, 1)$；
>
> (2) 单增区间：$(0, \ln 2)$，单减区间：$(\ln 2, +\infty) \cup (-\infty, 0)$；
>
> (3) 单增区间：$(-1, 0)$，单减区间：$(0, +\infty)$；
>
> (4) 单增区间：$(-\infty, 0)$，单减区间：$(0, +\infty)$；
>
> (5) 单增区间：$\left(\dfrac{\pi}{3}, \dfrac{5\pi}{3}\right)$，单减区间：$\left(0, \dfrac{\pi}{3}\right) \cup \left(\dfrac{5\pi}{3}, 2\pi\right)$.

函数的极值
与最值

4.3.3　函数的极值与最值

4.3.3.1　函数的极值

1. 极值的定义

> **定义 1**　设函数 $y = f(x)$ 在 x_0 的某个邻域内有定义，若对于该邻域内异于 x_0 的 x ($x \neq x_0$) 恒有
>
> (1) $f(x) > f(x_0)$，则称 $f(x_0)$ 为函数 $f(x)$ 的**极小值**，x_0 称为 $f(x)$ 的**极小值点**；
>
> (2) $f(x) < f(x_0)$，则称 $f(x_0)$ 为函数 $f(x)$ 的**极大值**，x_0 称为 $f(x)$ 的**极大值点**.

函数的极大值、极小值统称为函数的**极值**，极大值点、极小值点统称为**极值点**. 如图 4-7 所示，x_1, x_3 是函数的极大值点，$f(x_1)$, $f(x_3)$ 是极大值；x_2, x_4 是函数的极小值点，$f(x_2)$, $f(x_4)$ 是极小值.

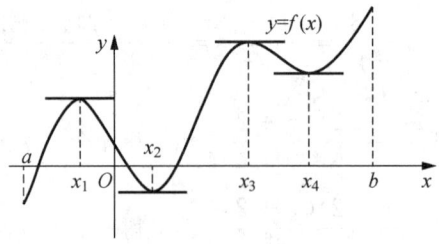

图 4-7

针对极值的定义，我们给出以下几点说明：

(1) 极值是一个局部的概念，并不是函数的最大值和最小值；

(2) 极大值和极小值的大小关系并不固定，极小值有可能比极大值还要大，例如图 4-7 中，极小值 $f(x_4)$ 大于极大值 $f(x_1)$；

(3) 极值点在区间内部取得，不会在区间端点取得.

2. 极值的必要条件

定理 1 若点 x_0 是函数的一个极值点,且 $f'(x_0)$ 存在,则 $f'(x_0)=0$. 使函数的导数等于零的点叫做函数的**驻点**. 对于可导函数而言,极值点一定是驻点,但驻点不一定是极值点.

函数的可能极值点 $\begin{cases} (1) \ 驻点: f'(x)=0; \\ (2) \ 导数不存在的点. \end{cases}$

3. 极值的判定定理

定理 2 设函数 $y=f(x)$ 在 x_0 的某个邻域内连续,且可导($f'(x_0)$ 可以不存在),则有以下结论:

(1) 当 $x<x_0$ 时 $f'(x)>0$ 且 $x>x_0$ 时 $f'(x)<0$. 则函数 $y=f(x)$ 在点 x_0 处取得极大值(图 4-8);

(2) 当 $x<x_0$ 时 $f'(x)<0$ 且 $x>x_0$ 时 $f'(x)>0$. 则函数 $y=f(x)$ 在点 x_0 处取得极小值(图 4-9).

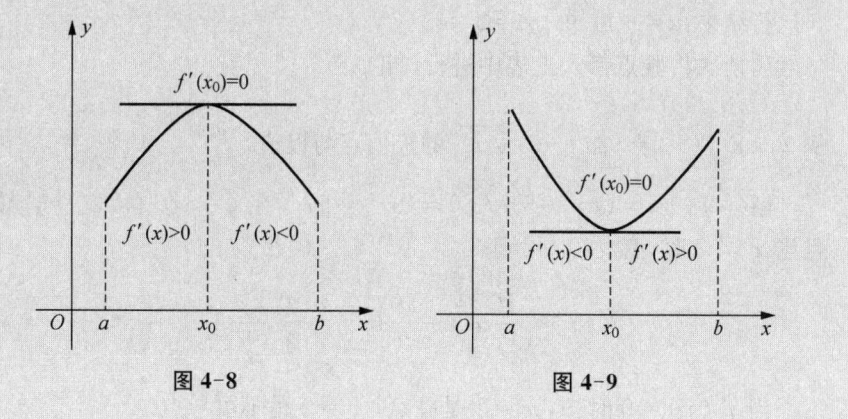

图 4-8   图 4-9

由上述分析及极值的判定定理 2,求函数 $f(x)$ 的极值的步骤如下:

(1) 求出函数 $f(x)$ 的定义域 D;

(2) 求函数的导数 $f'(x)$,并在定义域 D 内求出**驻点**($f'(x)=0$ 的点)和导数不存在的点 $x_1, x_2, x_3, \cdots, x_n$;

(3) 列表讨论,表格应列出三行:

第一行列出自变量、驻点和导数不存在的点,及这些点把定义域分成的若干小区间;

第二行列出 $f'(x)$ 在 $x_n(n=1,2,3,\cdots,n)$ 左右的值的符号;

第三行列出 $f(x)$ 在各区间的增减性以及在驻点和导数不存在的点处的极值情况;

(4) 求出各极值点的函数值,即得全部极值.

例 1 求函数 $y=2x^3+3x^2+4$ 的极值.

解 函数的定义域是 $(-\infty,+\infty)$,

$$y'=6x^2+6x,$$

令 $y'=0$ 得驻点: $x_1=-1, x_2=0.$

列表讨论(表 4-3):

表 4-3

x	$(-\infty, -1)$	-1	$(-1, 0)$	0	$(0, +\infty)$
y'	$+$	0	$-$	0	$+$
y	↗	极大值	↘	极小值	↗

当 $x=0$ 时,函数取得极小值是 $y(0)=4$;当 $x=-1$ 时,函数取得极大值是 $y(-1)=5$.

MATLAB 求解 启动 MATLAB,新建 M 文件,输入如下代码:

```
syms x
y = 2*x^3 + 3*x^2 + 4;% 给出函数
dy = diff(y);% 求导
x = solve(dy);% 求驻点
x = double(x)% 将 x 值转化成双精度浮点类型
y1 = 2*x.^3 + 3*x.^2 + 4% 求极值
```

运行结果:x = -1 0   y1 = 5 4.

然后依次将驻点带入上表中进行讨论.

例 2 求 $f(x)=(2x-5)\sqrt[3]{x^2}$ 的极值点与极值.

解 $f(x)=(2x-5)\sqrt[3]{x^2}=2x^{\frac{5}{3}}-5x^{\frac{2}{3}}$ 在 $(-\infty, +\infty)$ 上连续,且当 $x \neq 0$ 时,有

$$f'(x)=\frac{10}{3}x^{\frac{2}{3}}-\frac{10}{3}x^{-\frac{1}{3}}=\frac{10}{3}\frac{x-1}{\sqrt[3]{x}}.$$

当 $f'(x)=0$ 时知,$x=1$ 是驻点,$x=0$ 是不可导点.

列表讨论(表 4-4):

表 4-4

x	$(-\infty, 0)$	0	$(0, 1)$	1	$(1, +\infty)$
y'	$+$	不存在	$-$	0	$+$
y	↗	极大值	↘	极小值	↗

$x=0$ 为 f 的极大值点,极大值为 $f(0)=0$;
$x=1$ 为 f 的极小值点,极小值为 $f(1)=-3$.

注意

定理 3 只针对于二阶可导函数在驻点处二阶导数存在且不等于零的函数求极值的问题,对于导数不存在及驻点处二阶导数为零的情况不能解决.

定理 3 设函数 $y=f(x)$ 在 x_0 处的二阶导数存在,若 $f'(x_0)=0$,那么:

(1) 当 $f''(x_0)>0$ 时,则 x_0 为极小值点,$f(x_0)$ 为 $f(x)$ 的极小值;

(2) 当 $f''(x_0)<0$ 时,则 x_0 为极大值点,$f(x_0)$ 为 $f(x)$ 的极大值.

由极值的判定定理 3,求函数 $f(x)$ 的极值的步骤如下:

(1) 求出函数 $f(x)$ 的定义域 D;

(2) 求函数的导数 $f'(x)$，求出函数的全部驻点；
(3) 考察函数的二阶导数在驻点处的符号，确定极值点；
(4) 求出极值点处的函数值，得到极值.

下面我们用上述定理来求解例1：

解法 2 函数的定义域是 $(-\infty, +\infty)$，
$$y' = 6x^2 + 6x,$$
令 $y' = 0$ 得驻点：$x_1 = -1$，$x_2 = 0$，
$$y'' = 12x + 6.$$

分别将驻点代到二阶导数中去得：
$y''(0) = 6 > 0$，则函数在 $x_1 = 0$ 处取得极小值 $y(0) = 4$；
$y''(-1) = -6 < 0$，则函数在 $x_2 = -1$ 处取得极大值 $y(-1) = 5$.

MATLAB 求解   启动 MATLAB，新建 M 文件，输入如下代码：

```
syms x
y = 2 * x^3 + 3 * x^2 + 4; %给定函数
dy = diff(y); %求导数
x0 = solve(dy);
x0 = double(x0); % 求驻点
if isempty(x0)
    error('函数不存在极值点！'); %如果驻点不存在，则函数不存在极值点
end
ddy = diff(dy); %求二阶导
for k = 1：length(x0) %对驻点进行循环判断一共k个驻点
    fv = limit(y, x, x0(k)); %将第k个驻点带到原函数里面求函数值
    A = limit(ddy, x, x0(k)); %将第k个驻点带到x的二阶导函数里面得A
    if A<0
        disp([' x = ',num2str(x0(k)),'是极大值点，极大值为', char(fv)]);
    else
        disp([' x = ',num2str(x0(k)),'是极小值点，极小值为', char(fv)]);
    end
end
```

运行结果：x = -1 是极大值点，极大值为 5；
          x = 0 是极小值点，极小值为 4.

4.3.3.2 函数的最值

分析下面的函数图象，找出函数的最大值与最小值.
通过观察（图 4-10）可知其定义域为 $[-5, 6]$，我们不难看出：

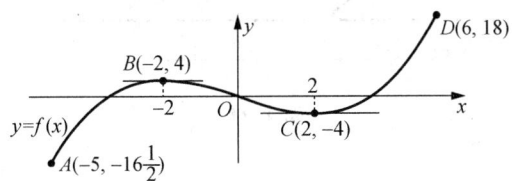

图 4-10

(1) 函数 $f(x)$ 在点 A 处取得最小值为 $f(-5)=-16\frac{1}{2}$，位于曲线的左端点上；

(2) 函数 $f(x)$ 在点 D 处取得最大值为 $f(6)=18$，位于曲线的右端点上.

1. 闭区间上连续函数的最大值与最小值问题

我们知道,若函数 $f(x)$ 在闭区间 $[a,b]$ 上连续,那么它在该区间上一定有最大值和最小值.

函数的极值是一个局部概念,在一个区间内可能有很多个极值,但函数的最值是全局概念,在一个区间上只有一个最大值与一个最小值. 函数的最值点必然在函数的极值点或者区间的端点处取得.

求函数 $f(x)$ 在闭区间 $[a,b]$ 上的最值可归结为如下步骤:

(1) 求函数的导数 $f'(x)$,并求出所有的驻点和导数不存在的点 $x_1, x_2, x_3, \cdots, x_n$;

(2) 求各驻点、导数不存在的点以及区间端点处的函数值,即
$$f(x_1), f(x_2), f(x_3), \cdots, f(x_n), f(a), f(b);$$

(3) 比较上述各函数值的大小,其中最大值是 $f(x)$ 在 $[a,b]$ 上的最大值,最小值是 $f(x)$ 在 $[a,b]$ 上的最小值.

例 3 求函数 $y=2x^3+3x^2-12x+14$ 在 $[-3,4]$ 上的最大值和最小值.

解 对函数 $f(x)$ 求导得: $f'(x)=6x^2+6x-12=6(x+2)(x-1)$,
令 $f'(x)=0$ 得驻点: $x_1=1, x_2=-2$.

将驻点以及边界点分别带到函数 $f(x)$ 里面去得:
$$f(-3)=23, f(-2)=34, f(1)=7, f(4)=142.$$

比较得最大值 $f(4)=142$,最小值 $f(1)=7$.

2. 最值在数学建模中的应用

在生产、工程技术及科学实验中,常常会遇到这样一类问题:在一定条件下,怎样能使"产品最多""用料最省""成本最低""效率最高"等. 这类问题在数学上可归结为求某一函数(通常称为目标函数)的最大值或最小值问题.

例 4 现有甲、乙两厂,甲厂距离输电干线的距离 $AB=1$ km,乙厂距离输电干线的距离 $CD=1.5$ km,输电干线上 $BD=3$ km,现在输电干线上设置一台变压器供甲、乙两个工厂合用,其位置如图 4-11 所示,若两厂用同型号线架设输电线,问变压器应设在输电干线上何处时,所需输电线最短.

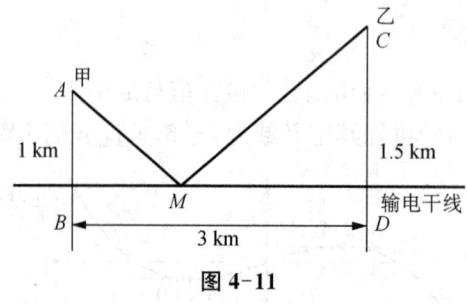

图 4-11

解 (1) 建立目标函数

设变压器安装在距 B 点 x 公里 M 处,所需输电线 y km,根据题意,得

$$y = \sqrt{1+x^2} + \sqrt{(3-x)^2 + 1.5^2} \quad (0 \leqslant x \leqslant 3),$$

(2) 求目标函数的最小值

$$y' = \frac{x}{\sqrt{1+x^2}} + \frac{x-3}{\sqrt{(3-x)^2+1.5^2}},$$

令 $y'=0$ 求得在 $[0,3]$ 内的唯一驻点 $x=1.2$,且没有导数不存在的点. 由于 $y|_{x=1.2} \approx 3.91$, $y|_{x=0} \approx 4.35$, $y|_{x=3} \approx 4.66$,因此,当 $BM=1.2$ km 时,所需电线长度最短,电线的最小长度为 3.91 km.

利用实际问题求最值的步骤,我们来求解案例中的问题,过程如下:

解 设房租为每月 x 元,则租出去的房子有 $50 - \left(\dfrac{x-180}{10}\right)$ 套,

每月总收入为 $R(x) = (x-20)\left(50 - \dfrac{x-180}{10}\right) = (x-20)\left(68 - \dfrac{x}{10}\right)$,

$R'(x) = \left(68 - \dfrac{x}{10}\right) + (x-20)\left(-\dfrac{1}{10}\right) = 70 - \dfrac{x}{5}$,

令 $R'(x)=0$,解得 $x=350$(唯一驻点),

故每月每套租金为 350 元时收入最高,最大收入为

$$R(350) = (350-20)\left(68 - \frac{350}{10}\right) = 10\,890 \text{ 元}.$$

注意

实际问题求最值的步骤:

① 确定目标函数;

② 求最值,若目标函数只有唯一的驻点,则该点的函数值即为所求的最大值(或最小值).

 课后提升

1. 求下列函数的极值点和极值.

(1) $y = 2 + x - x^2$;   (2) $y = x - e^x$.

2. 求下列函数在给定区间上的最大值和最小值.

(1) $y = x + 2\sqrt{x}$, $[0, 4]$;   (2) $y = x^2 - 4x + 6$, $[-3, 10]$.

3. 某工厂生产一批产品,固定成本为 200 元,每生产 1 t 该产品的成本为 60 元,市场的需求规律为 $q = 1\,000 - 10p$(q 为需求量,p 为单价),求产量多少时,利润最大?

答 案

1. (1) 函数有极大值 $y|_{x=\frac{1}{2}} = \dfrac{9}{4}$;   (2) 函数有极大值 $y|_{x=0} = -1$.

2. (1) $y_{\min} = 0$, $y_{\max} = 8$;   (2) $y_{\min} = 2$, $y_{\max} = 66$.

3. (1) $q = 200$;   (2) $L(x) = 9\sqrt{x} - \sqrt{x^3} - 4$, $x = 3$.

 ### 4.3.4 边际与弹性

4.3.4.1 边际

边际概念是导数概念的经济解释. 在经济学中,边际概念通常指经济问题

的变化率,我们称函数 $f(x)$ 的导数 $f'(x)$ 为函数 $f(x)$ 的**边际函数**.

在点 x_0 处,当 x 改变 Δx 时,相应的函数 $y=f(x)$ 的改变量为 $\Delta y = f(x_0+\Delta x)-f(x_0)$. 当 $\Delta x=1$ 个单位时,$\Delta y=f(x_0+1)-f(x_0)$,如果单位很小,则有 $\Delta y=f(x_0+1)-f(x_0) \approx \mathrm{d}y\Big|_{\substack{x=x_0 \\ \mathrm{d}x=1}}=f'(x_0)$.

这说明函数 $f'(x_0)$ 近似地等于在 x_0 处 x 增加一个单位时,函数 $f(x)$ 的增量 Δy. 当 x 有一个单位改变时,函数 $f(x)$ 近似改变了 $f'(x_0)$.

下面我们介绍几个经济学中常见的边际函数.

4.3.4.2 常见的边际函数

1. 边际成本

总成本函数 $C(x)$ 的导数 $C'(x)$ 称为**边际成本函数**,简称**边际成本**,记为 MC.

边际成本的**经济意义**是,在一定产量 x 的基础上,再增加生产一个单位产品时总成本增加的值.

例 1 已知生产某产品 x 件的总成本为 $C(x)=9\,000+40x+0.001x^2$(元),

(1) 求边际成本函数,求当 $x=1\,000$ 时的边际成本并解释其经济意义;

(2) 产量为多少件时,平均成本最小?

解 (1) 边际成本函数
$$MC=C'(x)=40+0.002x.$$

当 $x=1\,000$ 时,
$$C'(1\,000)=40+0.002\times 1\,000=42.$$

经济意义:它表示当产量为 $1\,000$ 件时,再生产 1 件产品则增加 42 元的成本.

(2) 平均成本 $\overline{C}(x)=\dfrac{C(x)}{x}=\dfrac{9\,000}{x}+40+0.001x$,对平均成本求导得

$$\overline{C}'(x)=-\frac{9\,000}{x^2}+0.001,$$

令 $\overline{C}'(x)=0$,得 $x=3\,000$(件). 由于 $\overline{C}''(3\,000)=\dfrac{18\,000}{3\,000^3}>0$,故当产量为 $3\,000$ 件时平均成本最小.

2. 边际收入

总收入函数 $R(x)$ 的导数 $R'(x)$ 称为**边际收入函数**,简称**边际收入**,记作 MR.

边际收入的**经济意义**是,销售量为 x 的基础上再多售出一个单位产品所增加的收入的值.

例 2 设产品的需求函数为 $x=100-5p$,其中 p 为价格,x 为需求量.求边际收入函数及 $x=20,50,70$ 时的边际收入,并解释所得结果的经济意义.

解 根据 $x=100-5p$ 得 $p=\dfrac{100-x}{5}$,

总收入函数

$$R(x) = px = \frac{100-x}{5} \cdot x = \frac{1}{5}(100x - x^2),$$

边际收入函数为

$$MR = R'(x) = \frac{1}{5}(100 - 2x),$$

需求量分别为 20，50 和 70 时的边际收入分别是

$$R'(20) = 12, R'(50) = 0, R'(70) = -8.$$

即销售量为 20 个单位时，再多销售一个单位产品，总收入增加 12 个单位；当销售量为 50 个单位时，扩大销售，收入不会增加；当销售量为 70 个单位时，再多销售一个单位产品，总收入将减少 8 个单位.

3. 边际利润

总利润函数 $L(x)$ 的导数 $L'(x)$ 称为**边际利润函数**，简称**边际利润**，记作 ML.

边际利润的**经济意义**是，在销售量为 x 的基础上，再多销售一个单位产品所增加的利润.

由于 $L(x) = R(x) - C(x)$，所以 $ML = L'(x) = R'(x) - C'(x)$. 即边际利润等于边际收入与边际成本之差.

例 3 某加工厂生产某种产品的总成本函数和总收入函数分别为

$$C(x) = 100 + 2x + 0.02x^2 (元) \text{ 与 } R(x) = 7x + 0.01x^2 (元).$$

求边际利润函数及当日产量分别是 200 kg、250 kg 和 300 kg 时的边际利润，并说明其经济意义.

解 总利润函数

$$L(x) = R(x) - C(x) = -0.01x^2 + 5x - 100,$$

边际利润函数为

$$ML = L'(x) = -0.02x + 5,$$

日产量为 200 kg、250 kg 和 300 kg 时的边际利润分别是

$$L'(200) = 1(元), L'(250) = 0(元), L'(300) = -1(元).$$

其经济意义是，在日产量为 200 kg 的基础上，再增加 1 kg 产量，利润可增加 1 元；在日产量为 250 kg 的基础上，再增加 1 kg 产量，利润无增加；在日产量为 300 kg 的基础上，再增加 1 kg 产量，将亏损 1 元.

4.3.4.3 弹性

弹性概念是经济学中的另一个重要概念，用来定量地描述一个经济变量对另一个经济变量变化的灵敏程度.

例如，设有 A 和 B 两种商品，其单价分别为 10 元和 100 元. 同时提价 1 元，显然改变量相同，但提价的百分比大不相同，分别为 10% 和 1%. 前者是后者的 10 倍，因此有必要研究函数的相对改变量以及相对变化率，这在经济学中称为**弹性**. 它定量地反映了一个经济量（自变量）变动时，另一个经济量（因变量）随之变动的灵敏程度，即自变量变动百分之一时，因变量变动的百分数.

定义 1 设函数 $y=f(x)$ 在点 x 处可导,则函数的相对改变量 $\dfrac{\Delta y}{y}$ 与自变量的相对改变量 $\dfrac{\Delta x}{x}$ 之比,当 $\Delta x \to 0$ 时的极限: $\lim\limits_{\Delta x \to 0}\dfrac{\frac{\Delta y}{y}}{\frac{\Delta x}{x}}=\dfrac{x}{y}y'=\dfrac{x}{f(x)}f'(x)$ 称为函数 $y=f(x)$ 在点 x 处的弹性,记作 $\dfrac{Ey}{Ex}$ 或 $\dfrac{Ef(x)}{Ex}$,即

$$\dfrac{Ey}{Ex}=\dfrac{x}{f(x)}f'(x).$$

由定义 1 知,当 $\dfrac{\Delta x}{x}=1\%$ 时,$\dfrac{\Delta y}{y}\approx\dfrac{Ey}{Ex}\%$. 可见,函数 $y=f(x)$ 的弹性具有下述意义:函数 $y=f(x)$ 在点 x_0 处的弹性 $\left.\dfrac{Ey}{Ex}\right|_{x=x_0}$ 表示在点 x_0 处当 x 改变 1% 时,函数 $y=f(x)$ 在 $f(x_0)$ 的水平上近似改变 $\left.\dfrac{Ey}{Ex}\right|_{x=x_0}\%$.

4.3.4.4 常见的弹性函数

1. 需求价格弹性

设某商品的需求量为 Q,价格为 p,需求函数 $Q=Q(p)$,则该商品需求对价格的弹性(简称**需求价格弹性**)为:$E_d=\dfrac{p}{Q}\dfrac{dQ}{dp}$.

一般来说,需求函数是价格的单调减少函数,故需求价格弹性为负值,有时为讨论方便,将其取绝对值,也称之为需求价格弹性,并记为 η,即 $\eta=|E_d|=-\dfrac{p}{Q}\dfrac{dQ}{dp}$.

若 $\eta=1$,此时商品需求量变动的百分比与价格变动的百分比相等,称为单位弹性或单一弹性;

若 $\eta<1$,此时商品需求量变动的百分比低于价格变动的百分比,价格的变动对需求量的影响不大,称为缺乏弹性或低弹性;

若 $\eta>1$,此时商品需求量变动的百分比高于价格变动的百分比,价格的变动对需求量的影响较大,称为富于弹性或高弹性.

2. 供给价格弹性

设某商品的供给量为 W,价格为 p,供给函数 $W=W(p)$,则该商品供给对价格的弹性(简称**供给价格弹性**)为:$E_s=\dfrac{p}{W}\dfrac{dW}{dp}$.

例 4 某商品需求函数为 $Q=10-\dfrac{P}{2}$,求:

(1) 当 $P=3$ 时的需求弹性;

(2) 在 $P=3$ 时,若价格上涨 1%,其总收益是增加,还是减少? 它将变化多少?

解 (1) $\dfrac{EQ}{EP}=\dfrac{P}{Q}Q'=\left(-\dfrac{1}{2}\right)\cdot\dfrac{P}{10-\dfrac{P}{2}}=\dfrac{P}{P-20}$,

当 $P=3$ 时的需求弹性为

$$\left.\frac{EQ}{EP}\right|_{P=3}=-\frac{3}{17}\approx-0.18.$$

(2) 总收益 $R=PQ=10P-\dfrac{P^2}{2}$，总收益的价格弹性函数为

$$\frac{ER}{EP}=\frac{\mathrm{d}R}{\mathrm{d}P}\cdot\frac{P}{R}=(10-P)\cdot\frac{P}{10P-\dfrac{P^2}{2}}=\frac{2(10-P)}{20-P},$$

在 $P=3$ 时，总收益的价格弹性为

$$\left.\frac{ER}{EP}\right|_{P=3}=\left.\frac{2(10-P)}{20-P}\right|_{P=3}\approx0.82.$$

故在 $P=3$ 时，若价格上涨 1%，需求仅减少 0.18%，总收益将增加，总收益约增加 0.82%。

课后提升

1. 求下列函数的边际函数与弹性函数．

   (1) $x^2\mathrm{e}^{-x}$；　(2) $\dfrac{\mathrm{e}^x}{x}$；　(3) $x^a\mathrm{e}^{-b(x+c)}$．

2. 设某商品的总收益 R 关于销售量 Q 的函数为 $R(Q)=104Q-0.4Q^2$，求：

   (1) 销售量为 Q 时，总收入的边际收入；

   (2) 销售量 $Q=50$ 个单位时，总收入的边际收入；

   (3) 销售量 $Q=100$ 个单位时，总收入对 Q 的弹性．

3. 某化工厂日产能力最高为 1 000 T，每日产品的总成本 C（单位：元）是日产量 x（单位：T）的函数：$C=C(x)=1\,000+7x+50\sqrt{x}$，$x\in[0,1\,000]$，

   (1) 求当日产量为 100 T 时的边际成本；

   (2) 求当日产量为 100 T 时的平均单位成本．

4. 某商品的价格 P 关于需求量 Q 的函数为 $P=10-\dfrac{Q}{5}$，求：

   (1) 总收益函数、平均收益函数和边际收益函数；

   (2) 当 $Q=20$ 个单位时的总收益、平均收益和边际收益．

5. 某厂每周生产 Q 单位（单位：百件）产品的总成本 C（单位：千元）是产量的函数 $C=C(Q)=100+12Q+Q^2$，如果每百件产品销售价格为 4 万元，试写出利润函数及边际利润为零时的每周产量．

答　案

1. (1) 边际函数：$y'=2x\mathrm{e}^{-x}-x^2\mathrm{e}^{-x}=\mathrm{e}^{-x}(2x-x^2)$；

   弹性函数：$\dfrac{Ey}{Ex}=y'\cdot\dfrac{x}{y}=\mathrm{e}^{-x}(2x-x^2)\cdot\dfrac{x}{x^2\mathrm{e}^{-x}}=2-x$；

(2) 边际函数：$y' = \dfrac{xe^x - e^x}{x^2} = \dfrac{(x-1)e^x}{x^2}$；

弹性函数：$\dfrac{Ey}{Ex} = y' \dfrac{x}{y} = \dfrac{(x-1)e^x}{x^2} \cdot \dfrac{x}{\dfrac{e^x}{x}} = x - 1$；

(3) 边际函数：$y' = ax^{a-1}e^{-b(x+c)} - bx^a e^{-b(x+c)} = (a-bx)x^{a-1}e^{-b(x+c)}$；

弹性函数：$\dfrac{Ey}{Ex} = y' \dfrac{x}{y} = (a-bx)x^{a-1}e^{-b(x+c)} \cdot \dfrac{x}{x^a e^{-b(x+c)}} = a - bx$.

2. (1) $R'(Q) = 104 - 0.8Q$；

(2) $R'(50) = 104 - 0.8 \times 50 = 64$；

(3) $\dfrac{ER}{EQ} = R' \dfrac{Q}{R} = (104 - 0.8Q) \dfrac{Q}{104Q - 0.4Q^2} = \dfrac{104 - 0.8Q}{104 - 0.4Q}$，

$\left.\dfrac{ER}{EQ}\right|_{Q=100} = \dfrac{104 - 0.8 \times 100}{104 - 0.4 \times 100} = \dfrac{24}{64} = \dfrac{3}{8} = 0.375$.

3. (1) $C'(x) = 7 + 50 \cdot \dfrac{1}{2\sqrt{x}} = 7 + \dfrac{25}{\sqrt{x}}$，$C'(100) = 7 + \dfrac{25}{\sqrt{100}} = 9.5$(元)；

(2) $\overline{C}(x) = \dfrac{C(x)}{x} = \dfrac{1\,000}{x} + 7 + 50\dfrac{\sqrt{x}}{x} = 7 + \dfrac{50}{\sqrt{x}} + \dfrac{1\,000}{x}$.

$\overline{C}(100) = 7 + \dfrac{50}{\sqrt{100}} + \dfrac{1\,000}{100} = 22$(元).

4. (1) 总收益函数为 $R(Q) = PQ = \left(10 - \dfrac{Q}{5}\right)Q = 10Q - \dfrac{Q^2}{5}$，

平均收益函数为 $\overline{R}(Q) = \dfrac{R(Q)}{Q} = P = 10 - \dfrac{Q}{5}$，

边际收益函数为 $R'(Q) = 10 - \dfrac{2Q}{5}$；

(2) $R(20) = 10 \times 20 - \dfrac{20^2}{5} = 120$，

$\overline{R}(20) = 10 - \dfrac{20}{5} = 6$，

$R'(Q) = 10 - \dfrac{2 \times 20}{5} = 2$.

5. 利润函数 $L(Q) = R - C = 40Q - (100 + 12Q + Q^2) = -Q^2 + 28Q - 100$，

若边际利润 $L'(Q) = 28 - 2Q = 0$，则每周产量 $Q = 14$(百件).

知识小结

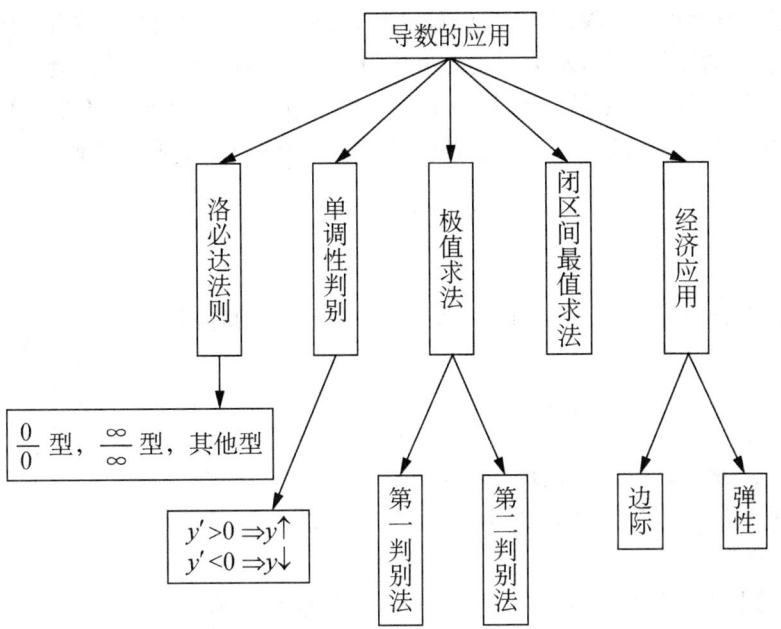

能力提升

1. 填空题

(1) 设 $y=2x^2+ax+3$ 在 $x=1$ 处取得极小值,则 $a=$ _____.

(2) 设 $f(x)$ 在 (a,b) 内有 $f'(x) \geqslant 0$,且只在 x_1,x_2 两点处 (x_1,$x_2 \in (a,b)$ 且 $x_1 \neq x_2$),$f'(x_1)=f'(x_2)=0$,那么 $f(x)$ 在 (a,b) 内_____.

(3) 函数 $y=|x-1|+2$ 的最小值点是 $x=$ _____.

(4) 某厂每批生产某种产品 q 个单位的总成本为 $C(q)=7q+200$(千元),获得的收入为 $R(q)=12q-0.01q^2$(千元). 那么,生产这种产品的边际成本为_____,边际收入为_____,边际利润为_____,边际利润为 0 的产量 $q=$ ____个单位.

(5) 若某商品需求量 Q 对价格 p 的函数关系为 $Q=f(p)=1\,600\left(\dfrac{1}{4}\right)^p$,则需求量 Q 对价格 p 的弹性函数为_____.

2. 计算题

(1) 用洛必达法则求下列函数的极限.

① $\lim\limits_{x \to 0}\dfrac{1-\dfrac{\sin x}{x}}{1-\cos x}$; ② $\lim\limits_{x \to \frac{\pi}{2}}(\sec x - \tan x)$.

(2) 求下列函数的单调区间.

① $y=x-\ln(1+x)$; ② $f(x)=x^2\mathrm{e}^{-x}$.

(3) 求函数 $f(x)=\ln x+\dfrac{1}{x}$ 的极值.

(4) 欲建一个底面为正方形的长方体露天蓄水池,容积为 $1\,500\ \text{m}^3$,四壁造价为 a(元$/\text{m}^2$) ($a>0$),底面造价是四壁造价的 3 倍. 当蓄水池的底面边长和深度各为多少时,总造价最省?

(5) 某工厂生产某种产品 x T,所需要的成本为 $C(x)=5x+200$(单位:万元). 将每吨产品投放市场后所得的总收入为 $R(x)=10x-0.01x^2$(单位:万元). 问该产品生产多少吨时获利最大?

答 案

1. (1) -4. (2) 单调递增. (3) 1. (4) $C'(q)=7$,$R'(q)=12-0.02q$,$L'(q)=5-0.02q$,$q=250$. (5) $-2\ln 2p$.

2. (1) ① $\dfrac{1}{3}$; ② 0.

(2) ① $(0,+\infty)$ 内单调增加,$(-1,0)$ 内单调减少;
② 单调递增区间为 $(0,2)$,单调递减区间为 $(-\infty,0)$、$(2,+\infty)$.

(3) 极小值为 $y_{极小}=f(1)=1$.

(4) 当蓄水池的底面边长为和深度分别为 $10\ \text{m}$ 和 $15\ \text{m}$ 时,总造价最省.

(5) $x=250$ T.

4.4 多元函数微分

案例 1

圆柱体的体积 V 和它的底半径 r，高 h 之间有关系式
$$V = \pi r^2 h.$$
这里，当 r, h 在集合 $\{(r, h) \mid r > 0, h > 0\}$ 内取定一对值 (r, h) 时，V 的对应值就随之确定.

案例 2

设 R 是电阻 R_1, R_2 并联后的总电阻，它们之间关系
$$R = \frac{R_1 R_2}{R_1 + R_2}.$$
这里，当 R_1, R_2 在集合 $\{(R_1, R_2) \mid R_1 > 0, R_2 > 0\}$ 内取定一对值 (R_1, R_2) 时，R 的对应值就随之确定.

上面两个例子具体意义虽各不同，但它们确有共同的性质，抽象出这些共性就可得到下列二元函数的定义.

4.4.1 多元函数的概念

多元函数的概念

4.4.1.1 多元函数

1. 二元函数的定义

定义 1 设 D 是平面上的一个点集，如果对于每个点 $P(x, y) \in D$，变量 z 按照一定法则总有确定的值和它对应，则称 z 是变量 x, y 的二元函数，记为
$$z = f(x, y) \tag{4.4.1}$$
其中 x, y 称为**自变量**，z 称为**因变量**，D 称为该函数的**定义域**. 数集 $\{z \mid z = f(x, y), (x, y) \in D\}$ 称该函数的**值域**.

当自变量 x, y 分别取 x_0, y_0 时，函数 z 的对应值为 z_0，记作 $z_0 = f(x_0, y_0)$，我们称它为函数 $z = f(x, y)$ 当 $x = x_0, y = y_0$ 时的**函数值**.

例 1 已知 $f(x, y) = x^2 + 2y + 1$，求 $f(2, -1), f(0, 0)$.

解 $f(2, -1) = 2^2 + 2 \times (-1) + 1 = 3, f(0, 0) = 0^2 + 2 \times 0 + 1 = 1$.

类似地，可以定义三元函数 $u = f(x, y, z)$ 以及三元以上的函数. 二元及二元以上的函数统称为**多元函数**.

2. 二元函数定义域求法

二元函数定义域与一元函数的定义域求法相类似.

(1) 用算式表达的二元函数 $z=f(x,y)$，那么使这个算式表达式有意义的自变量的取值范围，就是函数的定义域；

(2) 当函数的自变量具有某种实际意义时，应根据实际意义确定其定义域.

例 2 求二元函数 $z=\sqrt{1-x^2-y^2}$ 的定义域.

解 自变量 x,y 需满足不等式

$$x^2+y^2 \leqslant 1.$$

即函数定义域的图形是以原点为圆心，半径为 1 的圆内及圆周上的点的全体，该定义域为有界闭区域，如图 4-12 所示.

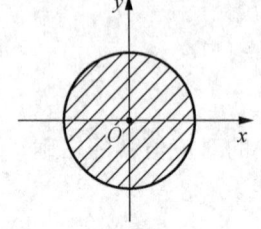

图 4-12

例 3 求二元函数 $z=\log_2(x+y)$ 的定义域.

解 自变量 x,y 需满足不等式

$$x+y>0.$$

即函数定义域的图形是 xOy 平面上位于直线 $y=-x$ 上方的半平面，但不包括直线 $y=-x$ 在内，该定义域为无界开区域，如图 4-13 所示.

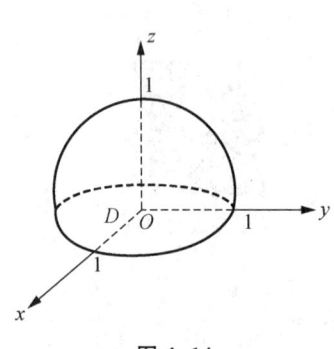

图 4-13

3. 二元函数几何意义

一元函数 $y=f(x)$ 通常表示 xOy 平面上一条曲线.

二元函数 $z=f(x,y)$ 的图形为**空间一块曲面**，它在 xy 平面上的投影域就是函数的定义域 D.

例 4 画出二元函数 $z=\sqrt{1-x^2-y^2}$，$D: x^2+y^2 \leqslant 1$ 的图象.

解 该二元函数的图形为以原点为球心，半径为 1 的上半球面（图 4-14），其定义域 D 就是 xy 平面上以原点为圆心，半径为 1 的闭圆.

三元和三元以上的多元函数没有直观的几何意义.

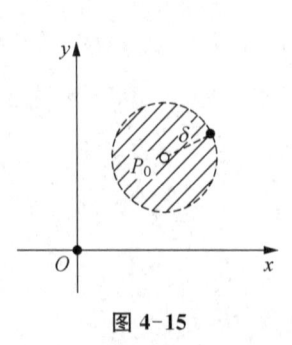

图 4-14

4.4.1.2 二元函数的极限

研究函数的极限，实质上是研究函数的变化趋势. 二元函数的自变量有两个，自变量的变化过程比一元函数的自变量的变化过程要复杂得多.

1. 点 $P_0(x_0,y_0)$ 的邻域

以点 $P_0(x_0,y_0)$ 为圆心，$\delta>0$ 为半径的开圆域，称为点 P_0 的 δ 邻域. 即该邻域的点 $P(x,y)$ 满足不等式 $\sqrt{(x-x_0)^2+(y-y_0)^2}<\delta$. 如果要表示点 P_0 的去心 δ 邻域（不含圆心的邻域），则其应满足 $0<\sqrt{(x-x_0)^2+(y-y_0)^2}<\delta$，如图 4-15 所示.

结合一元函数极限的定义，下面我们给出二元函数的极限定义.

2. 二元函数的极限

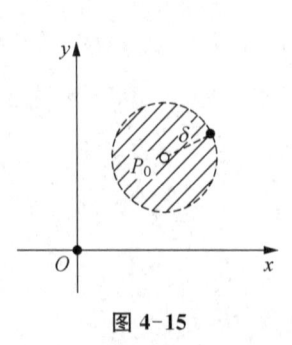

图 4-15

定义 2 设函数 $z=f(x,y)$ 在点 $P_0(x_0,y_0)$ 的某一去心邻域内有定义，如果动点 $P(x,y)$ 以任意方式趋近于点 $P_0(x_0,y_0)$ 时，函数的对应值

$f(x, y)$ 总趋近于一个确定的常数 A，则称 A 为函数 $z = f(x, y)$ 当 $x \to x_0$, $y \to y_0$ 时的**极限**，记为

$$\lim_{(x, y) \to (x_0, y_0)} f(x, y) = A \quad \text{或} \quad \lim_{\substack{x \to x_0 \\ y \to y_0}} f(x, y) = A. \quad (4.4.2)$$

针对上述极限定义，我们给出如下几点说明：

(1) 动点 $(x, y) \underset{\text{任何方向}}{\overset{\text{任何方式}}{\Rightarrow\Rightarrow}} (x_0, y_0)$ 时，函数 $f(x, y) \to A$，此时可以说函数 $f(x, y)$ 都趋于 A. 这里说的当 $(x, y) \to (x_0, y_0)$ 时，函数 $f(x, y) \to A$ 是指 (x, y) 以任何方式趋于 (x_0, y_0) 时，函数 $f(x, y)$ 都趋于 A，因为平面上由一点到另一点有无数条路线，因此二元函数当 $(x, y) \to (x_0, y_0)$ 时，要比一元函数中当 $x \to x_0$ 复杂的多；

(2) 动点 $(x, y) \underset{\text{特定方向}}{\overset{\text{特定方式}}{\Rightarrow\Rightarrow}} (x_0, y_0)$ 时，函数 $f(x, y) \to A$，此时不能断定函数的极限存在. 如果 (x, y) 以某一特殊方式趋于 (x_0, y_0) 时，即使函数无限接近于某一确定的值，我们还不能由此断定函数的极限存在；

(3) 动点 $(x, y) \underset{\text{不同方向}}{\overset{\text{不同方式}}{\Rightarrow\Rightarrow}} (x_0, y_0)$ 时，函数 $f(x, y) \to$ 不同值，此时可以断定函数的极限不存在. 如果当 (x, y) 以不同方式趋于 (x_0, y_0) 时，函数趋于不同的值，那么就可以断定这函数的极限不存在.

一元函数极限的四则运算，可以相应地推广到二元函数. 下面给出一些二元函数求极限的例子.

例 5 求极限 $\lim\limits_{\substack{x \to 1 \\ y \to 2}} (x^2 + 2xy + y^3)$.

解

$$\begin{aligned}
\lim_{\substack{x \to 1 \\ y \to 2}} (x^2 + 2xy + y^3) &= \lim_{\substack{x \to 1 \\ y \to 2}} x^2 + \lim_{\substack{x \to 1 \\ y \to 2}} 2xy + \lim_{\substack{x \to 1 \\ y \to 2}} y^3 \\
&= \lim_{\substack{x \to 1 \\ y \to 2}} x^2 + 2\lim_{\substack{x \to 1 \\ y \to 2}} x \lim_{\substack{x \to 1 \\ y \to 2}} y + \lim_{\substack{x \to 1 \\ y \to 2}} y^3 \\
&= 1^2 + 2 \cdot 1 \cdot 2 + 2^3 \\
&= 13.
\end{aligned}$$

例 6 求极限 $\lim\limits_{\substack{x \to 0 \\ y \to 0}} \dfrac{xy}{\sqrt{xy+1}-1}$.

解 $\lim\limits_{\substack{x \to 0 \\ y \to 0}} \dfrac{xy}{\sqrt{xy+1}-1} = \lim\limits_{\substack{x \to 0 \\ y \to 0}} \dfrac{xy(\sqrt{xy+1}+1)}{xy+1-1} = \lim\limits_{\substack{x \to 0 \\ y \to 0}} (\sqrt{xy+1}+1) = 2.$

例 7 求极限 $\lim\limits_{\substack{x \to 0 \\ y \to 0}} \dfrac{x^2 y}{x^4 + y^2}$.

解 (1) 当 (x, y) 沿直线 $y = kx$ 趋近于点 $(0, 0)$ 时，

$$\text{原式} = \lim_{x \to 0} \frac{kx^3}{x^4 + k^2 x^2} = 0;$$

(2) 当 (x, y) 沿曲线 $y = kx^2$ 趋近于点 $(0, 0)$ 时，

$$\text{原式} = \lim_{x \to 0} \frac{kx^4}{x^4 + k^2 x^4} = \frac{k}{1 + k^2}.$$

综上，我们发现随着点(x,y)趋近于$(0,0)$的方式不同，其极限值不同，故该极限不存在.

4.4.1.3 二元函数的连续性

1. 二元函数连续性的定义

仿照一元函数连续性的定义，下面给出二元函数连续性的定义.

> **定义 3** 设函数 $z=f(x,y)$ 在区域 D 内有定义，且 $P_0(x_0,y_0) \in D$，若
> $$\lim_{\substack{x \to x_0 \\ y \to y_0}} f(x,y) = f(x_0, y_0) \qquad (4.4.3)$$
> 则称函数 $f(x,y)$ 在点 $P_0(x_0,y_0)$ 处**连续**.

若令 $x=x_0+\Delta x$，$y=y_0+\Delta y$，则当 $x \to x_0$，$y \to y_0$ 时，$\Delta x \to 0$，$\Delta y \to 0$，因此有连续的另一种形式的定义.

> **定义 4** 设函数 $z=f(x,y)$ 在区域 D 内有定义，且 $P_0(x_0,y_0) \in D$，若
> $$\lim_{\substack{\Delta x \to 0 \\ \Delta y \to 0}} \Delta z = \lim_{\substack{\Delta x \to 0 \\ \Delta y \to 0}} [f(x_0+\Delta x, y_0+\Delta y) - f(x_0,y_0)] = 0 \quad (4.4.4)$$
> 则称函数 $f(x,y)$ 在点 (x_0,y_0) 处**连续**.

如果函数 $f(x,y)$ 在区域 D 内的每一点连续，则称函数 $f(x,y)$ 在 D 内连续或 $f(x,y)$ 是 D 内的连续函数.连续的二元函数 $z=f(x,y)$ 在几何上表示**一张无空无隙的曲面**.

若函数 $f(x,y)$ 在点 $P_0(x_0,y_0)$ 不连续，则称 $P_0(x_0,y_0)$ 为函数 $f(x,y)$ 的**间断点**.

例如：函数 $f(x,y)=\begin{cases} \dfrac{xy}{x^2+y^2}, & x^2+y^2 \neq 0, \\ 0, & x^2+y^2=0 \end{cases}$ 在点 $(0,0)$ 没极限，故不连续，所以点 $(0,0)$ 为函数的间断点，此点为函数 $f(x,y)$ 的孤立点.

再如，函数 $z=\sin\dfrac{1}{x^2+y^2-1}$ 在圆周 $x^2+y^2=1$ 上没定义，所以圆周 $x^2+y^2=1$ 上各点都是函数的间断点.

2. 有界闭区域上二元连续函数的性质

与闭区间上一元连续函数的性质相似，在有界闭区域上二元连续函数也有如下性质：

性质 1（最大值和最小值定理） 如果二元函数在有界闭区域 D 上连续，则二元函数在 D 上一定存在最大值和最小值.

性质 2（介值定理） 如果二元函数在有界闭区域 D 上连续，则二元函数在 D 上必可取得介于函数最大值 M 与最小值 m 之间的任何值.

3. 连续函数的四则运算及其复合运算

连续函数的和、差、积、商（分母不为零）及连续函数的复合函数是连续

函数.

4. 二元初等函数

基本初等函数与常数经过有限次的四则运算和复合步骤用一个表达式表示的函数,称为**二元初等函数**.

5. 初等函数的连续性

一切多元初等函数在其定义区域内是连续函数.因此,如果设(x_0,y_0)是二元初等函数$z=f(x,y)$的定义域内的任一点,则有

$$\lim_{\substack{x\to x_0 \\ y\to y_0}} f(x,y) = f(x_0,y_0). \qquad (4.4.5)$$

> **注意**
>
> 这里基本初等函数是一元函数,在构成二元初等函数时,它们与二元函数复合.如:$z=\sin(x+y)$是一元基本初等函数$z=\sin u$与二元函数$u=x+y$复合成的.

课后提升

1. 已知 $f(x,y)=x^3-2xy+3y^2$,求 $f\left(\dfrac{x}{y},\sqrt{xy}\right)$.

2. 求下列函数的定义域.

   (1) $z=\ln(y^2-2x+1)$;

   (2) $z=\dfrac{1}{\sqrt{x+y}}+\dfrac{1}{\sqrt{x-y}}$;

   (3) $z=\dfrac{\sqrt{4x-y^2}}{\ln(1-x^2-y^2)}$;

   (4) $z=\sqrt{x-\sqrt{y}}$.

3. 求下列各极限.

   (1) $\lim\limits_{(x,y)\to(0,1)}\dfrac{1-xy}{x^2+y^2}$;

   (2) $\lim\limits_{(x,y)\to(1,0)}\dfrac{\ln(x+e^y)}{\sqrt{x^2+y^2}}$;

   (3) $\lim\limits_{(x,y)\to(0,0)}\dfrac{xy}{\sqrt{xy+1}-1}$;

   (4) $\lim\limits_{(x,y)\to(2,0)}\dfrac{\sin xy}{y}$.

4. 求下列函数的不连续点.

   (1) $z=\dfrac{1}{\sqrt{x^2+y^2}}$;　(2) $z=\dfrac{xy}{x+y}$;　(3) $z=\sin\dfrac{1}{xy}$.

5. 求函数 $f(x,y)=\dfrac{\sqrt{4x-y^2}}{\ln(1-x^2-y^2)}$ 的定义域及 $\lim\limits_{(x,y)\to\left(\frac{1}{2},0\right)} f(x,y)$.

答　案

1. $f\left(\dfrac{x}{y},\sqrt{xy}\right)=\left(\dfrac{x}{y}\right)^2-2\dfrac{x}{y}\sqrt{xy}+3(\sqrt{xy})^2=\dfrac{x^3}{y^3}-\dfrac{2x\sqrt{xy}}{y}+3xy$.

2. (1) $D=\{(x,y)\mid y^2-2x+1>0\}$;

   (2) $D=\{(x,y)\mid x+y>0\text{ 且 }x-y>0\}$;

   (3) $D=\{(x,y)\mid y^2\leqslant 4x,0<x^2+y^2<1\}$;

   (4) $D=\{(x,y)\mid x\geqslant 0,y\geqslant 0,x^2\geqslant y\}$.

3. (1) $\lim\limits_{(x,y)\to(0,1)}\dfrac{1-xy}{x^2+y^2}=1$;

   (2) $\lim\limits_{(x,y)\to(1,0)}\dfrac{\ln(x+e^y)}{\sqrt{x^2+y^2}}=\ln 2$;

(3) $\lim\limits_{(x,y)\to(0,0)} \dfrac{xy}{\sqrt{xy+1}-1} = \lim\limits_{(x,y)\to(0,0)} \dfrac{xy(\sqrt{xy+1}+1)}{xy} = 2$;

(4) $\lim\limits_{(x,y)\to(2,0)} \dfrac{\sin xy}{y} = \lim\limits_{(x,y)\to(2,0)} \dfrac{x\sin xy}{xy} = 2$.

4. (1) 因为在$(0,0)$点处，函数无意义，所以函数不连续点为$(0,0)$；

(2) 因为当$x+y=0$时，函数无意义，所以函数不连续点为直线$x+y=0$上的一切点；

(3) 因为当$x=0$或$y=0$时，函数无意义，所以函数不连续点为坐标轴上的一切点.

5. 函数的定义域为$D=\{(x,y)\mid 4x-y^2\geqslant 0, 0<x^2+y^2<1\}$，

$$\lim_{(x,y)\to\left(\frac{1}{2},0\right)} f(x,y) = f\left(\dfrac{1}{2},0\right) = \dfrac{\sqrt{2}}{\ln 3 - \ln 4}.$$

偏导数

4.4.2 偏导数

4.4.2.1 偏导数的概念

在研究一元函数时，从讨论函数的变化率引入了导数的概念. 对于多元函数，我们也常常遇到研究它对某个变量的变化率问题，这就产生了偏导数的概念.

例如：对于二元函数$z=f(x,y)$，如果只有自变量x变化，而自变量y固定，这时它就是x的一元函数，该函数对x的导数，就称为二元函数$z=f(x,y)$对于x的偏导数.

1. 偏导数的定义

定义1 设函数$z=f(x,y)$在点(x_0,y_0)的某一邻域内有定义，当y固定在y_0而x在x_0处有增量Δx时，相应地函数有增量$\Delta y = f(x_0+\Delta x, y_0) - f(x_0,y_0)$，如果极限$\lim\limits_{\Delta x\to 0}\dfrac{\Delta y}{\Delta x}$存在，则称此极限为函数$z=f(x,y)$在点$(x_0,y_0)$处**对$x$的偏导数**，记作

$$f_x(x_0,y_0) = \lim_{\Delta x\to 0}\dfrac{f(x_0+\Delta x, y_0) - f(x_0,y_0)}{\Delta x}. \tag{4.4.6}$$

也可记作 $\left.\dfrac{\partial z}{\partial x}\right|_{\substack{x=x_0\\y=y_0}}$，$\left.\dfrac{\partial f(x,y)}{\partial x}\right|_{\substack{x=x_0\\y=y_0}}$，$\left.z_x\right|_{\substack{x=x_0\\y=y_0}}$.

类似地，函数$z=f(x,y)$在点(x_0,y_0)处**对y的偏导数**定义为

$$f_y(x_0,y_0) = \lim_{\Delta y\to 0}\dfrac{f(x_0, y_0+\Delta y) - f(x_0,y_0)}{\Delta y} \tag{4.4.7}$$

也可记作 $\left.\dfrac{\partial z}{\partial y}\right|_{\substack{x=x_0\\y=y_0}}$，$\left.\dfrac{\partial f(x,y)}{\partial y}\right|_{\substack{x=x_0\\y=y_0}}$，$\left.z_y\right|_{\substack{x=x_0\\y=y_0}}$.

定义 2(偏导函数) 如果函数 $z=f(x,y)$ 在区域 D 内每一点 (x,y) 处对 x 的偏导数都存在,那么这个偏导数就是 x、y 的函数,它就称为函数 $z=f(x,y)$ 对自变量 x 的偏导函数(简称偏导数),记作

$$f_x(x,y)=\lim_{\Delta x \to 0}\frac{f(x+\Delta x,y)-f(x,y)}{\Delta x}. \quad (4.4.8)$$

也可记作 $\dfrac{\partial z}{\partial x}$,$\dfrac{\partial f(x,y)}{\partial x}$,$z_x$.

类似地,可定义函数 $z=f(x,y)$ 对 y 的偏导函数(简称偏导数),记为

$$f_y(x,y)=\lim_{\Delta y \to 0}\frac{f(x,y+\Delta y)-f(x,y)}{\Delta y}. \quad (4.4.9)$$

也可记作 $\dfrac{\partial z}{\partial y}$,$\dfrac{\partial f(x,y)}{\partial y}$,$z_y$.

2. 偏导数的计算

求 $\dfrac{\partial f}{\partial x}$ 时,只要把 y 暂时看作常量而对 x 求导数;求 $\dfrac{\partial f}{\partial y}$ 时,只要把 x 暂时看作常量而对 y 求导数.

偏导数的概念还可推广到二元以上的函数.例如三元函数 $u=f(x,y,z)$ 在点 (x,y,z) 处对 x 的偏导数定义为

$$f_x(x,y,z)=\lim_{\Delta x \to 0}\frac{f(x+\Delta x,y,z)-f(x,y,z)}{\Delta x}.$$

注意

(1) 在不至于混淆的情况下,常把偏导函数称为偏导数;

(2) $\dfrac{\partial f}{\partial x}$,$\dfrac{\partial f}{\partial y}$ 是个整体记号,不能看作分子与分母之商.

例 1 求 $z=x^2\sin 2y$ 的偏导数.

解 分别求函数对 x,y 的偏导函数为

$$\frac{\partial z}{\partial x}=2x\sin 2y,\quad \frac{\partial z}{\partial y}=2x^2\cos 2y.$$

MATLAB 求解 启动 MATLAB,新建 M 文件,输入如下代码:

```
syms x y
f = x^2 * sin(2 * y);%给定函数
fx = diff(f, x);%对 x 求偏导
fy = diff(f, y);%对 y 求偏导
disp(['f(x, y)对 x 的偏导数为',char(fx),',对 y 的偏导数为', char(fy)]);
```

运行结果:f(x,y)对 x 的偏导数为 2*x*sin(2*y),对 y 的偏导数为 2*x^2*cos(2*y).

例 2 求 $z=x^2+3xy+y^2$ 在点 $(1,2)$ 处的偏导数.

解 分别求函数对 x,y 的偏导函数为

$$\frac{\partial z}{\partial x}=2x+3y,\quad \frac{\partial z}{\partial y}=3x+2y,$$

则函数在点 $(1,2)$ 处的偏导数为

$$\left.\frac{\partial z}{\partial x}\right|_{\substack{x=1\\y=2}}=2\times 1+3\times 2=8,\quad \left.\frac{\partial z}{\partial y}\right|_{\substack{x=1\\y=2}}=3\times 1+2\times 2=7.$$

MATLAB 求解　启动 MATLAB,新建 M 文件,输入如下代码:

```
syms x y
f = x^2 + 3 * x * y + y^2;%给定函数
fx = diff(f, x);%对 x 求偏导
fy = diff(f, y);%对 y 求偏导
fvx = limit(limit(fx, x, 1),y, 2);%在[1, 2]处的偏导值
fvy = limit(limit(fy, x, 1),y, 2);%在[1, 2]处的偏导值
disp(['f(x,y)在点[1,2]处对x的偏导数为',char(fvx),',对y的偏导数为',char(fvy)]);
```

运行结果:f(x,y)在点[1,2]处对x的偏导数为8,对y的偏导数为7.

4.4.2.2　偏导数的几何意义

一元函数在某点处的导数从几何上表示曲线在该点处的切线斜率,那么二元函数的偏导在几何上表示什么呢?

我们知道,二元函数 $z=f(x,y)$ 在空间中表示一曲面,在 (x_0,y_0) 处对 x 求偏导时把 y 看成常量,这时 z 是关于 x 的一元函数,所以 $\dfrac{\partial z}{\partial x}\bigg|_{(x_0,y_0)}$ 表示曲面 $z=f(x,y)$ 与平面 $y=y_0$ 的交线 MT_x 在 (x_0,y_0) 处沿 x 轴正向的切线斜率(图 4-16). 同理,$\dfrac{\partial z}{\partial y}\bigg|_{(x_0,y_0)}$ 表示曲面在该点处沿 y 轴正向的切线斜率.

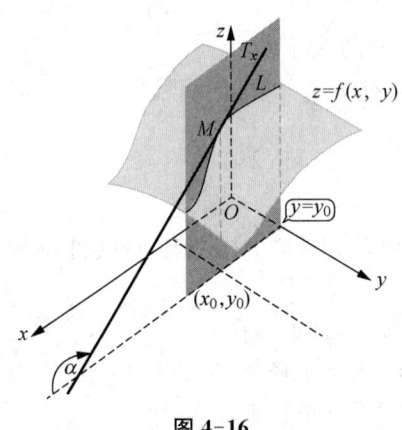

图 4-16

4.4.2.3　高阶偏导数

> **定义 3**　设函数 $z=f(x,y)$ 在区域 D 内的每一点 (x,y) 都有偏导数
> $$\frac{\partial z}{\partial x}=f_x(x,y),\quad \frac{\partial z}{\partial y}=f_y(x,y).$$
> 则 $f_x(x,y),f_y(x,y)$ 仍是 x,y 的函数. 如果它们的偏导数仍存在,则将其称为函数 $z=f(x,y)$ 的**二阶偏导数**.

由二元函数 $z=f(x,y)$ 可得到下列**四个二阶偏导数**:

$$\frac{\partial}{\partial x}\left(\frac{\partial z}{\partial x}\right)=\frac{\partial^2 z}{\partial x^2}=f_{xx}(x,y)=z_{xx}(x,y),$$

$$\frac{\partial}{\partial y}\left(\frac{\partial z}{\partial x}\right)=\frac{\partial^2 z}{\partial x \partial y}=f_{xy}(x,y)=z_{xy}(x,y),$$

$$\frac{\partial}{\partial x}\left(\frac{\partial z}{\partial y}\right)=\frac{\partial^2 z}{\partial y \partial x}=f_{yx}(x,y)=z_{yx}(x,y),$$

$$\frac{\partial}{\partial y}\left(\frac{\partial z}{\partial y}\right)=\frac{\partial^2 z}{\partial y^2}=f_{yy}(x,y)=z_{yy}(x,y).$$

其中, $\frac{\partial}{\partial y}\left(\frac{\partial z}{\partial x}\right)$, $\frac{\partial}{\partial x}\left(\frac{\partial z}{\partial y}\right)$ 两个二阶偏导数称为**混合偏导数**. $\frac{\partial}{\partial y}\left(\frac{\partial z}{\partial x}\right)$ 是先对 x 后对 y 求偏导数,而 $\frac{\partial}{\partial x}\left(\frac{\partial z}{\partial y}\right)$ 是先对 y 后对 x 求偏导数.

类似地可以定义三阶、四阶以及 n 阶偏导数. 二阶及二阶以上的偏导数都称为高阶偏导数.

例 3 求 $z=x^3y-3x^2y^3$ 的二阶偏导数.

解 $\frac{\partial z}{\partial x}=3x^2y-6xy^3$, $\frac{\partial z}{\partial y}=x^3-9x^2y^2$,

$\frac{\partial^2 z}{\partial x^2}=6xy-6y^3$, $\frac{\partial^2 z}{\partial x \partial y}=3x^2-18xy^2$, $\frac{\partial^2 z}{\partial y^2}=-18x^2y$, $\frac{\partial^2 z}{\partial y \partial x}=3x^2-18xy^2$.

MATLAB 求解 启动 MATLAB,新建 M 文件,输入如下代码:

```
syms x y
f = x^3 * y - 3 * x^2 * y^3;%给定函数
fx = diff(f, x);%对 x 求偏导
fy = diff(f, y);%对 y 求偏导
fxx = diff(fx, x);%对 x 求二阶偏导
fyy = diff(fy, y);%对 y 求二阶偏导
fxy = diff(fx, y);%对 xy 求二阶偏导
fyx = diff(fy, x);%对 xy 求二阶偏导
disp([' f(x, y)对 x 的二阶偏导数为',char(fxx),',对 y 的二阶偏导数为
', char(fyy),',对 xy 的二阶偏导数为', char(fxy),',对 yx 的二阶偏导数为',
char(fyx)]);
```

运行结果:f(x, y)对 x 的二阶偏导数为 6 * x * y - 6 * y^3,对 y 的二阶偏导数为 -18 * x^2 * y,对 xy 的二阶偏导数为 3 * x^2 - 18 * x * y^2,对 yx 的二阶偏导数为 3 * x^2 - 18 * x * y^2.

我们可以发现,其中 $\frac{\partial^2 z}{\partial x \partial y}$, $\frac{\partial^2 z}{\partial y \partial x}$ 这两个二阶混合偏导数是相等的. 这并不是偶然的,事实上,我们有如下的定理:

定理 1 如果函数 $z = f(x, y)$ 在定义域 D 上二阶混合偏导数 $\dfrac{\partial^2 z}{\partial x \partial y}$, $\dfrac{\partial^2 z}{\partial y \partial x}$ 连续, 则在该区域上必有 $\dfrac{\partial^2 z}{\partial x \partial y} = \dfrac{\partial^2 z}{\partial y \partial x}$.

这个定理说明, 在二阶混合偏导数连续的条件下, 它与求导次序无关. 对于更高阶的混合偏导数也有类似的条件和结论.

课后提升

1. 求下列函数的偏导数.

   (1) $z = x^3 y - x y^3$;　　(2) $z = \sqrt{\ln(xy)}$.

2. 设 $u = \dfrac{x-y}{x+y} \ln \dfrac{y}{x}$, 验证 $x \dfrac{\partial u}{\partial x} + y \dfrac{\partial u}{\partial y} = 0$.

3. 设 $f(x, y) = x + y - \sqrt{x^2 + y^2}$, 求 $f'_x(3, 4)$.

4. 求下列函数的二阶偏导.

   (1) $z = \arctan \dfrac{y}{x}$;　　(2) $z = y^x$.

答　案

1. (1) $\dfrac{\partial z}{\partial x} = 3x^2 y - y^3$; $\dfrac{\partial z}{\partial y} = x^3 - 3xy^2$;

   (2) $\dfrac{\partial z}{\partial x} = \dfrac{\partial}{\partial x}(\sqrt{\ln xy}) = \dfrac{1}{2x\sqrt{\ln xy}}$, $\dfrac{\partial z}{\partial y} = \dfrac{1}{2y\sqrt{\ln xy}}$.

2. $\dfrac{\partial u}{\partial x} = \dfrac{2y}{(x+y)^2} \ln \dfrac{y}{x} - \dfrac{1}{x} \cdot \dfrac{x-y}{x+y}$, $\dfrac{\partial u}{\partial y} = -\dfrac{2x}{(x+y)^2} \ln \dfrac{y}{x} + \dfrac{1}{y} \cdot \dfrac{x-y}{x+y}$, $x \dfrac{\partial u}{\partial x} + y \dfrac{\partial u}{\partial y} = 0$.

3. $f'_x(x, y) = 1 - \dfrac{2x}{2\sqrt{x^2+y^2}} = 1 - \dfrac{x}{\sqrt{x^2+y^2}}$, $f'_x(3, 4) = \dfrac{2}{5}$.

4. (1) $\dfrac{\partial z}{\partial x} = \dfrac{1}{1 + \left(\dfrac{y}{x}\right)^2} \cdot \left(-\dfrac{y}{x^2}\right) = -\dfrac{y}{x^2 + y^2}$, $\dfrac{\partial z}{\partial y} = \dfrac{1}{1 + \left(\dfrac{y}{x}\right)^2} \cdot \left(\dfrac{1}{x}\right) = \dfrac{x}{x^2 + y^2}$

   $\dfrac{\partial^2 z}{\partial x^2} = \dfrac{\partial}{\partial x}\left(-\dfrac{y}{x^2+y^2}\right) = -\dfrac{-y}{(x^2+y^2)^2} \cdot 2x = \dfrac{2xy}{(x^2+y^2)^2}$

   $\dfrac{\partial^2 z}{\partial y^2} = \dfrac{\partial}{\partial y}\left(\dfrac{x}{x^2+y^2}\right) = -\dfrac{2xy}{(x^2+y^2)^2}$

   $\dfrac{\partial^2 z}{\partial x \partial y} = \dfrac{\partial}{\partial y}\left(\dfrac{x}{x^2+y^2}\right) = \dfrac{y^2 - x^2}{(x^2+y^2)^2}$;

   (2) $z'_x = y^x \ln y$, $z'_y = xy^{x-1}$,

   $z'_{xx} = y^x (\ln y)^2$, $z'_{yy} = x(x-1)y^{x-2}$,

   $z'_{xy} = xy^{x-1} \ln y + y^x \dfrac{1}{y} = y^{x-1}(x \ln y + 1)$.

4.4.3 全微分及其应用

4.4.3.1 全微分的概念

一元函数 $y=f(x)$ 在点 x_0 处的微分定义是:设 $f(x)$ 在点 x_0 的某邻域内有定义,且 x 自 x_0 处在该邻域内取得增量 Δx 时,如果函数增量 $\Delta y=f(x_0+\Delta x)-f(x_0)$,可以表示为 $\Delta y=A\Delta x+o(\Delta x)$,其中 A 是与 Δx 无关的常数,当 $\Delta x\to 0$ 时 $o(\Delta x)$ 为 Δx 高阶的无穷小,则称 $A\Delta x$ 为函数 $y=f(x)$ 在 $x=x_0$ 处的微分,记为 $\mathrm{d}y=A\Delta x$.

根据微分的定义,我们证明了 $A=f'(x_0)$.

接下来我们考察二元函数的情况.

1. 全增量

定义 1 设二元函数 $z=f(x,y)$ 在点 (x_0,y_0) 的某邻域内有定义,当自变量 x,y 在点 (x_0,y_0) 处分别在该邻域内同时有改变量 $\Delta x,\Delta y$ 时,相应的函数 z 的改变量为

$$\Delta z=f(x_0+\Delta x,y_0+\Delta y)-f(x_0,y_0) \qquad (4.4.10)$$

我们称其为二元函数 $z=f(x,y)$ 在点 (x_0,y_0) 处的**全增量**. 我们先通过具体例子分析一下全增量 Δz,然后给出二元函数全微分的定义.

2. 全微分

设矩形板长为 x,宽为 y,则面积 $S=xy$. 当此板受热膨胀时,长自 x_0 增加 Δx,宽自 y_0 增加 Δy,其面积相应增加 ΔS,

$$\Delta S=(x_0+\Delta x)(y_0+\Delta y)-x_0y_0=y_0\Delta x+x_0\Delta y+\Delta x\cdot\Delta y.$$

全增量 ΔS 由 $y_0\Delta x$,$x_0\Delta y$,$\Delta x\cdot\Delta y$ 三项组成. 我们从图 4-17 中可以看出, $\Delta x\cdot\Delta y$ 这项比其余两项小很多. 令 $\rho=\sqrt{(\Delta x)^2+(\Delta y)^2}$,当 $\rho\to 0$ 时, $\Delta x\cdot\Delta y$ 是比 ρ 高阶的无穷小. 又因为 x_0,y_0 为常数,所以全增量 ΔS 只是 Δx 和 Δy 的函数.

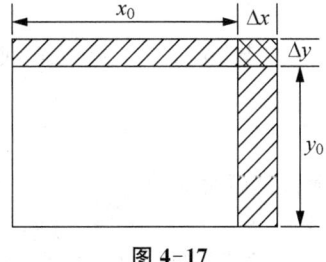

图 4-17

令 $x_0=B$,$y_0=A$,则 ΔS 可以表示为

$$\Delta S=A\Delta x+B\Delta y+o(\rho).$$

把它推广到一般情况.

定义 2 设二元函数 $z=f(x,y)$ 在点 (x_0,y_0) 的某个邻域内有定义,如果 $z=f(x,y)$ 在点 (x_0,y_0) 的全增量 $\Delta z=f(x_0+\Delta x,y_0+\Delta y)-f(x_0,y_0)$ 可以表示为

$$\Delta z = A\Delta x + B\Delta y + o(\rho). \tag{4.4.11}$$

其中 A,B 与 $\Delta x,\Delta y$ 无关, $\rho=\sqrt{(\Delta x)^2+(\Delta y)^2}$, $o(\rho)$ 是当 $\rho\to 0$ 时,比 ρ 高阶的无穷小,则称二元函数 $z=f(x,y)$ 在点 (x_0,y_0) 处可微,并称 $A\Delta x+B\Delta y$ 为函数 $z=f(x,y)$ 在点 (x_0,y_0) 处的**全微分**,记作 dz,即

$$dz = A\Delta x + B\Delta y. \tag{4.4.12}$$

与一元函数类似,当 $|\Delta x|$, $|\Delta y|$ 充分小时,可用全微分 dz 作为函数 $f(x,y)$ 的全增量 Δz 的近似值.

如果函数在区域 D 内各点处都可微分,那么称该函数在 D 内可微分.

4.4.3.2 可微分与连续的关系

定理 1 若二元函数 $z=f(x,y)$ 在点 (x_0,y_0) 处可微,则在该点一定连续.

证明 根据函数可微的定义,有

$$\Delta z = A\Delta x + B\Delta y + o(\rho),$$

当 $\Delta x \to 0$, $\Delta y \to 0$ 时, $\rho \to 0$,于是 $o(\rho) \to 0$,因此 $\lim\limits_{\substack{\Delta x\to 0 \\ \Delta y\to 0}} \Delta z = 0$.

由函数连续性的定义得, $z=f(x,y)$ 在点 (x_0,y_0) 处连续.

4.4.3.3 可微条件

定理 2(可微的必要条件) 若函数 $z=f(x,y)$ 在点 (x_0,y_0) 处可微,即 $\Delta z=A\Delta x+B\Delta y+o(\rho)$,则 $f(x,y)$ 在该点的两个偏导数存在,并且

$$A = f_x(x_0, y_0), \quad B = f_y(x_0, y_0).$$

如果函数 $z=f(x,y)$ 在点 (x_0,y_0) 处可微,则在该点的全微分为

$$dz = f_x(x_0, y_0)\Delta x + f_y(x_0, y_0)\Delta y. \tag{4.4.13}$$

与一元函数类似,全微分又可写成

$$dz = f_x(x_0, y_0)dx + f_y(x_0, y_0)dy. \tag{4.4.14}$$

其中 dx, dy 分别是自变量 x, y 的微分.

如果函数 $f(x,y)$ 在区域 D 内的每一点都可微,则称 $f(x,y)$ 在区域 D 内是可微的.且在区域 D 内的任一点 (x,y) 的全微分为

$$dz = f_x(x,y)dx + f_y(x,y)dy. \tag{4.4.15}$$

或写成

$$dz = \frac{\partial z}{\partial x}dx + \frac{\partial z}{\partial y}dy. \qquad (4.4.16)$$

定理 3(可微的充分条件) 若二元函数 $z = f(x, y)$ 在点 (x, y) 处的两个偏导数 $f_x(x, y)$, $f_y(x, y)$ 存在且在点 (x, y) 处连续,则函数 $z = f(x, y)$ 在该点一定可微.

二元函数的全微分等于它的两个偏微分之和称为二元函数的微分符合叠加原理. 叠加原理也适用于二元以上的函数, 例如三元函数 $u = f(x, y, z)$ 的全微分为

$$du = \frac{\partial u}{\partial x}dx + \frac{\partial u}{\partial y}dy + \frac{\partial u}{\partial z}dz. \qquad (4.4.17)$$

例 1 求函数 $z = xy$ 在点 $(2, -1)$ 处,当 $\Delta x = 0.02$,$\Delta y = -0.01$ 时的全增量与全微分.

解 全增量

$$\begin{aligned}\Delta z &= f(x_0 + \Delta x, y_0 + \Delta y) - f(x_0, y_0) \\ &= (2 + 0.02) \times (-1 - 0.01) - 2 \times (-1) \\ &= -0.040\ 2.\end{aligned}$$

全微分

$$\begin{aligned}dz &= f_x(x_0, y_0)dx + f_y(x_0, y_0)dy \\ &= f_x(x, y)\Big|_{\substack{x=x_0\\y=y_0}}dx + f_y(x, y)\Big|_{\substack{x=x_0\\y=y_0}}dy \\ &= y\Big|_{\substack{x=x_0\\y=y_0}}dx + x\Big|_{\substack{x=x_0\\y=y_0}}dy \\ &= (-1) \times 0.02 + 2 \times (-0.01) \\ &= -0.04.\end{aligned}$$

例 2 求 $z = xy^2 - 2x^3y^2 + 5$ 在点 $(1, 2)$ 处的全微分.

解 $\dfrac{\partial z}{\partial x} = y^2 - 6x^2y^2$, $\dfrac{\partial z}{\partial y} = 2xy - 4x^3y$,

$$\begin{aligned}dz &= \frac{\partial z}{\partial x}\Big|_{\substack{x=1\\y=2}}dx + \frac{\partial z}{\partial y}\Big|_{\substack{x=1\\y=2}}dy \\ &= (y^2 - 6x^2y^2)\Big|_{\substack{x=1\\y=2}}dx + (2xy - 4x^3y)\Big|_{\substack{x=1\\y=2}}dy \\ &= -20dx - 4dy.\end{aligned}$$

例 3 求 $u = x + \sin\dfrac{y}{2} + e^{yz}$ 的全微分.

解 $\dfrac{\partial u}{\partial x} = 1$, $\dfrac{\partial u}{\partial y} = \dfrac{1}{2}\cos\dfrac{y}{2} + ze^{yz}$, $\dfrac{\partial u}{\partial z} = ye^{yz}$,

$$du = dx + \left(\frac{1}{2}\cos\frac{y}{2} + ze^{yz}\right)dy + ye^{yz}dz.$$

4.4.3.4 全微分在近似计算中的应用

设函数 $z=f(x,y)$ 在点 (x_0, y_0) 处可微,则函数在该点的全增量可以表示为

$$\Delta z = f(x_0+\Delta x, y_0+\Delta y) - f(x_0, y_0)$$
$$= f_x(x_0, y_0)\Delta x + f_y(x_0, y_0)\Delta y + o(\rho).$$

当 $|\Delta x|$ 和 $|\Delta y|$ 很小时,就可以用函数的全微分 dz 近似代替函数的全增量 Δz,即

$$\Delta z \approx f_x(x_0, y_0)\Delta x + f_y(x_0, y_0)\Delta y = dz. \qquad (4.4.18)$$

或写成

$$f(x_0+\Delta x, y_0+\Delta y) \approx f(x_0, y_0) + f_x(x_0, y_0)\Delta x$$
$$+ f_y(x_0, y_0)\Delta y. \qquad (4.4.19)$$

利用公式(4.4.18)和(4.4.19)可以计算函数增量的近似值,计算函数的近似值及估计误差.

例 4 有一圆柱体,受压后发生形变,它的半径由 20 cm 增大到 20.05 cm,高度由 100 cm 减少到 99 cm,求此圆柱体体积变化的近似值.

解 设圆柱体的半径、高和体积依次为 r,h 和 V,则有

$$V = \pi r^2 h,$$

已知 $r=20, h=100, \Delta r=0.05, \Delta h=-1$. 根据近似公式,有

$$\Delta V \approx dV = V_r\Delta r + V_h\Delta h$$
$$= 2\pi rh\Delta r + \pi r^2\Delta h$$
$$= 2\pi \times 20 \times 100 \times 0.05 + \pi \times 20^2 \times (-1)$$
$$= -200\pi.$$

即此圆柱体在受压后体积约减少了 200π cm^3.

例 5 计算 $1.04^{2.02}$ 的近似值.

解 选函数 $f(x,y)=x^y$,取 $x_0=1, y_0=2, \Delta x=0.04, \Delta y=0.02$,由于 $f(1,2)=1, f_x(x,y)=yx^{y-1}, f_y(x,y)=x^y\ln x, f_x(1,2)=2, f_y(1,2)=0$,

于是由公式

$$f(x_0+\Delta x, y_0+\Delta y) \approx f(x_0, y_0) + f_x(x_0, y_0)\Delta x$$
$$+ f_y(x_0, y_0)\Delta y$$

得

$$1.04^{2.02} \approx 1 + 2 \times 0.04 + 0 \times 0.02 = 1.08.$$

课后提升

1. 求下列函数的全微分.

(1) $z = xy + \dfrac{x}{y}$;   (2) $z = e^{x-2y}$;   (3) $z = \dfrac{y}{\sqrt{x^2 + y^2}}$;

(4) $u = x^{yz}$;   (5) $z = x^2 \ln(xy)$;   (6) $z = \dfrac{1}{x^2 - y^2}$.

2. 求函数 $z = \ln(1 + x^2 + y^2)$ 在 $x = 1$, $y = 2$ 的全微分.

3. 求函数 $z = \dfrac{y}{x}$, 当 $x = 2$, $y = 1$, $\Delta x = 0.1$, $\Delta y = -0.2$ 的全增量 Δz 和全微分 dz.

4. 求下列各式的近似值.

(1) $\sqrt{(1.02)^3 + (1.97)^3}$;   (2) $(1.07)^{1.05}$ ($\ln 2 = 0.693$).

5. 设有一无盖圆柱形容器, 其壁与底厚均为 $0.1\ \text{cm}$, 内高为 $20\ \text{cm}$, 内半径为 $4\ \text{cm}$, 求该容器外壳体积的近似值.

答　案

1. (1) $\dfrac{\partial z}{\partial x} = y + \dfrac{1}{y}$, $\dfrac{\partial z}{\partial y} = x - \dfrac{x}{y^2}$, $dz = \left(y + \dfrac{1}{y}\right)dx + \left(x - \dfrac{x}{y^2}\right)dy$;

(2) $\dfrac{\partial z}{\partial x} = e^{x-2y}$, $\dfrac{\partial z}{\partial y} = -2e^{x-2y}$, $dz = e^{x-2y}dx - 2e^{x-2y}dy = e^{x-2y}(dx - 2dy)$;

(3) $\dfrac{\partial z}{\partial x} = -\dfrac{y}{x^2 + y^2} \cdot \dfrac{y}{\sqrt{x^2 + y^2}} = -\dfrac{xy}{(x^2 + y^2)^{\frac{3}{2}}}$,

$\dfrac{\partial z}{\partial y} = \dfrac{\sqrt{x^2 + y^2} - y \cdot \dfrac{y}{\sqrt{x^2 + y^2}}}{x^2 + y^2} = \dfrac{x^2}{(x^2 + y^2)^{\frac{3}{2}}}$,

$dz = -\dfrac{xy}{(x^2 + y^2)^{\frac{3}{2}}}dx + \dfrac{x^2}{(x^2 + y^2)^{\frac{3}{2}}}dy = -\dfrac{x}{(x^2 + y^2)^{\frac{3}{2}}}(ydx - xdy)$;

(4) $\dfrac{\partial u}{\partial x} = yzx^{yz-1}$, $\dfrac{\partial u}{\partial y} = zx^{yz}\ln x$, $\dfrac{\partial u}{\partial z} = yx^{yz}\ln x$,

$du = yzx^{yz-1}dx + zx^{yz}\ln x\,dy + yx^{yz}\ln x\,dz$;

(5) $\dfrac{\partial z}{\partial x} = 2x\ln(xy) + x^2 \dfrac{y}{xy} = 2x\ln(xy) + x$, $\dfrac{\partial z}{\partial y} = x^2 \cdot \dfrac{x}{xy} = \dfrac{x^2}{y}$,

$dz = [2x\ln(xy) + x]dx + \dfrac{x^2}{y}dy$;

(6) $\dfrac{\partial z}{\partial x} = -\dfrac{2x}{(x^2 - y^2)^2}$, $\dfrac{\partial z}{\partial y} = \dfrac{2y}{(x^2 - y^2)^2}$,

$dz = -\dfrac{2x}{(x^2 - y^2)^2}dx + \dfrac{2y}{(x^2 - y^2)^2}dy = -\dfrac{2}{(x^2 - y^2)^2}(xdx - ydy)$.

2. $\dfrac{\partial z}{\partial x} = \dfrac{2x}{1 + x^2 + y^2}$, $\dfrac{\partial z}{\partial y} = \dfrac{2y}{1 + x^2 + y^2}$, $\left.\dfrac{\partial z}{\partial x}\right|_{\substack{x=1\\y=2}} = \dfrac{1}{3}$, $\left.\dfrac{\partial z}{\partial y}\right|_{\substack{x=1\\y=2}} = \dfrac{2}{3}$,

$\left.dz\right|_{\substack{x=1\\y=2}} = \dfrac{1}{3}dx + \dfrac{2}{3}dy$.

3. $\Delta z = \dfrac{y+\Delta y}{x+\Delta x} - \dfrac{y}{x}$, $\mathrm{d}z = -\dfrac{y}{x^2}\Delta x + \dfrac{1}{x}\Delta y$, 当 $x=2$, $y=2$, $\Delta x=0.1$, $\Delta y=-0.2$ 时 $\Delta z = \dfrac{1+(-0.2)}{2+0.1} - \dfrac{1}{2} = -0.119$, $\mathrm{d}z = -\dfrac{1}{4}\times 0.1 + \dfrac{1}{2}\times(-0.2) = -0.125$.

4. (1) 设 $f(x,y) = x^y$, 则 $f'_x = yx^{y-1}$, $f'_y = x^y \ln x$,

于是 $f(x+\Delta x, y+\Delta y) = (x+\Delta x)^{y+\Delta y} \approx x^y + f'_x \Delta x + f'_y \Delta y$
$= x^y + yx^{y-1}\Delta x + x^y \ln x \Delta y$,

当 $x=1$, $y=1$, $\Delta x = 0.07$, $\Delta y = 0.05$ 时,有 $f(1.07, 1.05) = 1 + 0.07 = 1.07$;

(2) 设 $f(x,y) = \sin x \tan y$, 则 $f'_x = \cos x \tan y$, $f'_y = \sin x \sec^2 y$,

于是 $\sin 29° \tan 46° = \sin\left(\dfrac{\pi}{6} - \dfrac{\pi}{180}\right)\tan\left(\dfrac{\pi}{4} + \dfrac{\pi}{180}\right)$,

当 $x = \dfrac{\pi}{6}$, $y = \dfrac{\pi}{4}$, $\Delta x = -\dfrac{\pi}{180}$, $\Delta y = \dfrac{\pi}{180}$ 时,有

$$f(29°, 46°) = f\left(\dfrac{\pi}{6}, \dfrac{\pi}{4}\right) + f'_x\left(\dfrac{\pi}{6}, \dfrac{\pi}{4}\right)\Delta x + f'_x\left(\dfrac{\pi}{6}, \dfrac{\pi}{4}\right)\Delta y$$
$$= \sin\dfrac{\pi}{6}\tan\dfrac{\pi}{4} + \cos\dfrac{\pi}{6}\tan\dfrac{\pi}{4}\left(-\dfrac{\pi}{180}\right) + \sin\dfrac{\pi}{6}\sec^2\dfrac{2\pi}{4}\dfrac{\pi}{180}$$
$$= 0.50235.$$

5. 设容器的内半径为 r, 高为 h, 体积为 V, 则圆柱体的体积为
$$V = \pi r^2 h,$$
$$\Delta V \approx \mathrm{d}V = 2\pi rh \Delta r + \pi r^2 \Delta h$$

于是当 $r=4$, $h=20$, $\Delta r = \Delta h = 0.1$ 时,有
$$\Delta V \approx 2\times \pi \times 4 \times 20 \times 0.1 + \pi \times 4^2 \times 0.1 \approx 55.3\pi \text{ cm}^3.$$

4.4.4 二元函数的极值与最值

多元函数的极值在许多实际问题中有着广泛的应用. 现以二元函数为主, 介绍多元函数的极值概念.

4.4.4.1 二元函数的极值

1. 极值的定义

> **定义 1** 设函数 f 在 $P_0(x_0, y_0)$ 的某个邻域 $U(P_0)$ 内有定义, 若该邻域内的任一点 $P(x,y) \in U(P_0)$,
> (1) 若不等式 $f(P) \geqslant f(P_0)$ 成立, 则称函数 f 在 (P_0) 点处取得**极小值**, 称点 $P_0(x_0, y_0)$ 为函数 f 的**极小值点**;
> (2) 若不等式 $f(P) \leqslant f(P_0)$ 成立, 则称函数 f 在 (P_0) 点处取得**极大值**, 称点 $P_0(x_0, y_0)$ 为函数 f 的**极大值点**.

极大值和极小值统称为**极值**, 极大值点和极小值点统称为**极值点**.
对于可导一元函数的极值, 可以用一阶、二阶导数来确定. 对于偏导函数

存在的二元函数的极值,也可以用偏导函数来确定.

2. 极值的条件

二元函数的极值一定在**驻点**和**不可导点**取得.对于不可导点,难以判断是否是极值点;对于驻点可用极值的充分条件判定.

(1) 二元函数取得极值的**必要条件**:设 $z=f(x,y)$ 在点 (x_0,y_0) 处可微分且在点 (x_0,y_0) 处有极值,则 $f'_x(x_0,y_0)=0$,$f'_y(x_0,y_0)=0$,即 (x_0,y_0) 是**驻点**.

(2) 二元函数取得极值的**充分条件**:设 $z=f(x,y)$ 在 (x_0,y_0) 的某个领域内有连续上二阶偏导数,且 $f'_x(x_0,y_0)=f'_y(x_0,y_0)=0$,令 $f'_{xx}(x_0,y_0)=A$,$f'_{xy}(x_0,y_0)=B$,$f'_{yy}(x_0,y_0)=C$,则

① 当 $B^2-AC<0$ 且 $A<0$ 时,$f(x_0,y_0)$ 为极大值;
② 当 $B^2-AC<0$ 且 $A>0$ 时,$f(x_0,y_0)$ 为极小值;
③ 当 $B^2-AC>0$ 时,(x_0,y_0) 不是极值点;
④ 当 $B^2-AC=0$ 时,函数 $z=f(x,y)$ 在点 (x_0,y_0) 可能有极值,也可能没有极值,需另行讨论.

那如何来求解二元函数的极值呢?下面我们给出求解步骤.

3. 极值的求解步骤

(1) 首先求偏导数 $f_x(x,y)=0$,$f_y(x,y)=0$,$A=f_{xx}(x,y)$,$B=f_{xy}(x,y)$,$C=f_{yy}(x,y)$;

(2) 其次求解方程组 $\begin{cases} f_x(x,y)=0, \\ f_y(x,y)=0. \end{cases}$ 求出驻点;

(3) 分别求出在驻点处 A,B,C 的值,然后判断 B^2-AC 的符号,以及 A 的符号,据此判断极值点的存在;

(4) 由此可以知道 $f(x_0,y_0)$ 是否能取极值,是取极小值还是取极大值.

例 1 求函数 $z=x^2-xy+y^2-2x+y$ 的极值.

解 先求驻点

$$\begin{cases} \dfrac{\partial z}{\partial x}=2x-y-2=0, \\ \dfrac{\partial z}{\partial y}=-x+2y+1=0. \end{cases}$$

解方程组,得驻点 $(1,0)$.

对于驻点 $(1,0)$,有

$$A=z_{xx}(1,0)=2,\ B=z_{xy}(1,0)=-1,\ C=z_{yy}(1,0)=2.$$

$$B^2-AC=1-4=-3<0,\ 且\ A>0,$$

故点 $(1,0)$ 为极小值点. $f(1,0)=-1$ 为极小值.

MATLAB 求解 启动 MATLAB,新建 M 文件,输入如下代码:

```
syms x y
f = x^2-x*y+y^2-2*x+y;%给定函数
fx = diff(f,x);%对 x 求偏导
fy = diff(f,y);%对 y 求偏导
[x0,y0] = solve(fx,fy,[x,y]);%求驻点
```

```
        if isempty(x0)
            error('函数不存在极值点!');% 如果驻点不存在,则函数不存在极值点
        end
        fxx = diff(fx, x);% 对 x 求二阶偏导
        fyy = diff(fy, y);% 对 y 求二阶偏导
        fxy = diff(fx, y);% 对 xy 求二阶偏导
        for k = 1: length(x0)% 对驻点进行循环判断一共 k 个驻点
            fv = limit(limit(f, x, x0(k)),y, y0(k));% 将第 k 个驻点带到原函数里面求函数值
            A = limit(limit(fxx, x, x0(k)),y, y0(k));% 将第 k 个驻点带到 x 的二阶偏导函数里面得 A
            B = limit(limit(fxy, x, x0(k)),y, y0(k));% 将第 k 个驻点带到 xy 的二阶偏导函数里面得 B
            C = limit(limit(fyy, x, x0(k)),y, y0(k));% 将第 k 个驻点带到 y 的二阶偏导函数里面得 C
            if B^2 - A * C<0
                if A<0
                    disp(['点[',char(x0(k)),',',char(y0(k)),']是极大值点,极大值为', char(fv)]);% 如果 B^2 - A * C<0 且 A<0,则该驻点[x0, y0]为极大值点,fv 为极大值
                else
                    disp(['点[',char(x0(k)),',',char(y0(k)),']是极小值点,极小值为', char(fv)]);% 如果 B^2 - A * C<0 且 A>0,则该驻点[x0, y0]为极小值点,fv 为极小值
                end
            elseif B^2 - A * C>0
                disp(['点[',char(x0(k)),',', char(y0(k)),']不是极值点']);% 如果 B^2 - A * C>0 则该驻点[x0, y0]不是极值点
            else
                disp(['无法判断点[',char(x0(k)),',', char(y0(k)),']是否极值点']);% 如果 B^2 - A * C = 0 则无法判断该驻点[x0, y0]是不是极值点
            end
        end
```

运行结果:点[1, 0]是极小值点,极小值为 -1.

4.4.4.2 二元函数的最值

二元函数的最值指的是在一定区域内函数的最大取值或最小取值. 二元函数的最值一定在**驻点**和**不可导点**及**边界点**取得. 若可行域为闭区域,在开区域内按无条件极值分析,而在边界上按条件极值讨论即可.

例2 求函数 $f(x, y) = x^2 + 2y^2 - x^2 y^2$ 在区域 D 上的最大值和最小值,其中: $D = \{(x, y) \mid x^2 + y^2 \leqslant 4, y \geqslant 0\}$.

解 (1) 讨论函数在开区域内的最值情况:

因为 $f'_x(x, y) = 2x - 2xy^2$, $f'_y(x, y) = 4y - 2x^2 y$,解方程:

$$\begin{cases} f'_x = 2x - 2xy^2 = 0, \\ f'_y = 4y - 2x^2 y = 0. \end{cases}$$ 得开区域内的可能极值点为 $(\pm\sqrt{2}, 1)$.

其对应函数值为 $f(\pm\sqrt{2}, 1) = 2$.

(2) 讨论函数在边界上的最值情况:

① 当 $y=0$ 时, $f(x,y)=x^2$ 在 $-2 \leqslant x \leqslant 2$ 上的最大值为 4, 最小值为 0.

② 当 $x^2+y^2=4, y>0, -2<x<2$, 构造拉格朗日函数

$$F(x,y,\lambda)=x^2+2y^2-x^2y^2+\lambda(x^2+y^2-4).$$

解方程组 $\begin{cases} F'_x=2x-2xy^2+2\lambda x=0, \\ F'_y=4y-2x^2y+2\lambda y=0, \\ F'_\lambda=x^2+y^2-4=0. \end{cases}$

得可能极值点: $(0,2), \left(\pm\sqrt{\dfrac{5}{2}}, \sqrt{\dfrac{3}{2}}\right)$, 其对应函数值为 $f(0,2)=8$, $f\left(\pm\sqrt{\dfrac{5}{2}}, \sqrt{\dfrac{3}{2}}\right)=\dfrac{7}{4}$.

比较函数值上面求得的 5 个函数值 $2, 0, 4, 8, \dfrac{7}{4}$, 知 $f(x,y)$ 在区域 D 上的最大值为 8, 最小值为 0.

4.4.4.3 条件极值

我们所定义的无条件极值,除了其极值点的搜索范围目标函数的定义域外,没有其他条件的限制.但是,在实际生活问题中,我们还会碰到另一类极值问题,它会受到一些约束条件的限制,因此**条件极值就是求解带有约束条件的极值问题**.

例如,要设计一个容量 V 的矩形孔水箱,那么当水箱的长、宽、高各等于多少时,其表面积最小?

设水箱的长度为 x、宽度为 y、高度分别为 z, 因此表面积为

$$S(x,y,z)=2(xz+yz)+xy.$$

根据题意知,上述表面积函数的自变量不仅要符合定义域的要求,而且还需要满足条件

$$xyz=V.$$

所需要解决的这种带有约束条件的极值,就是条件极值.

求 $z=f(x,y)$ 在约束条件下 $\varphi(x,y)=0$ 下的极值的**拉格朗日乘数法**:
设 $f(x,y), \varphi(x,y)$ 在点 (x_0, y_0) 某领域内有连续偏导数,引入辅助函数

$$F(x,y,\lambda)=f(x,y)+\lambda\varphi(x,y).$$

解联立方程组

$$\begin{cases} \dfrac{\partial F}{\partial x}=f'_x(x,y)+\lambda\varphi'_x(x,y)=0, \\ \dfrac{\partial F}{\partial y}=f'_y(x,y)+\lambda\varphi'_y(x,y)=0, \\ \varphi(x,y)=0. \end{cases}$$

得 (x_0, y_0) 可能是 $z=f(x,y)$ 在条件 $\varphi(x,y)=0$ 下的极值点. 至于如何判断所求得的可能极值点是否为极值点,已超出我们的要求,这里不再详述. 但是在实际问题中,通常可根据问题本身的性质来判断.

例3 某公司通过电台及报纸两种方式做销售广告,收入 R 万元与电视广告费 x 万元及报纸广告费 y 万元之间的关系为:
$$R=15+14x+32y-8xy-2x^2-10y^2.$$

(1) 在广告费用不限的情况下,求最佳广告策略;

(2) 若提供的广告费用为总额 1.5 万元,求相应最佳广告策略.

解 (1) 利润函数为
$$L(x,y)=R-(x+y)=15+13x+31y-8xy-2x^2-10y^2,$$

求函数 L 的各个偏导数,并令它们为 0,得方程组:
$$\begin{cases} \dfrac{\partial L}{\partial x}=13-8y-4x=0, \\ \dfrac{\partial L}{\partial y}=31-8x-20y=0. \end{cases}$$

解得 $x=0.75, y=1.25$. 则 $(0.75, 1.25)$ 为 $L(x,y)$ 唯一的驻点. 又由题意,$L(x,y)$ 可导且一定存在最大值,故最大值必在这唯一的驻点处达到. 所以最大利润为 $L(0.75, 1.25)=39.25$ 万元.

因此,当电视广告费与报纸广告费分别为 0.75 万元和 1.25 万元时,最大利润为 39.25 万元,此即为最佳广告策略.

(2) 求广告费用为 1.5 万元的条件下的最佳广告策略,即为在约束条件 $x+y=1.5$ 下,求 $L(x,y)$ 的最大值. 作拉格朗日函数
$$\begin{aligned} F(x,y) &= L(x,y)+\lambda\phi(x,y) \\ &= 15+13x+31y-8xy-2x^2-10y^2 \\ &\quad +\lambda(x+y-1.5). \end{aligned}$$

求函数 $F(x,y)$ 的各个偏导数,并令它们为 0,得方程组:
$$\begin{cases} \dfrac{\partial F}{\partial x}=13-8y-4x+\lambda=0, \\ \dfrac{\partial F}{\partial y}=31-8x-20y+\lambda=0. \end{cases}$$

并和条件 $x+y=1.5$ 联立解得 $x=0, y=1.5$. 这是唯一的驻点,又由题意,$L(x,y)$ 一定存在最大值,故 $L(0, 1.5)=39$ 万元为最大值.

课后提升

1. 求下列函数的极值.

   (1) $f(x,y)=x^3-y^3+3x^2+3y^2-9x$; (2) $z=x^4+y^4-x^2-2xy-y^2$.

2. 在椭球面 $\dfrac{x^2}{5^2}+\dfrac{y^2}{3^2}+\dfrac{z^2}{2^2}=1$ 第一卦限上 P 点处作切平面,使与三个坐标平面所围四面体的体积最小,求 P 点坐标.

3. 求坐标原点到曲线 C：$\begin{cases} x^2+y^2-z^2=1, \\ 2x-y-z=1 \end{cases}$ 的最短距离.

答 案

1. (1) 函数在 $(1,0)$ 处有极小值 $f(1,0)=-5$，在 $(-3,2)$ 处有极大值 $f(-3,2)=31$，$(1,2)$ 与 $(-3,0)$ 不是极值点；

   (2) 极小值 $Z|_{(1,1)}=-2$，极小值 $Z|_{(-1,-1)}=-2$，$(0,0)$ 不是极值点.

2. P 点坐标为 $\left(\dfrac{5}{\sqrt{3}},\dfrac{3}{\sqrt{3}},\dfrac{2}{\sqrt{3}}\right)$，而最小体积 $V=15\sqrt{3}$.

3. 最短距离为 1.

知识小结

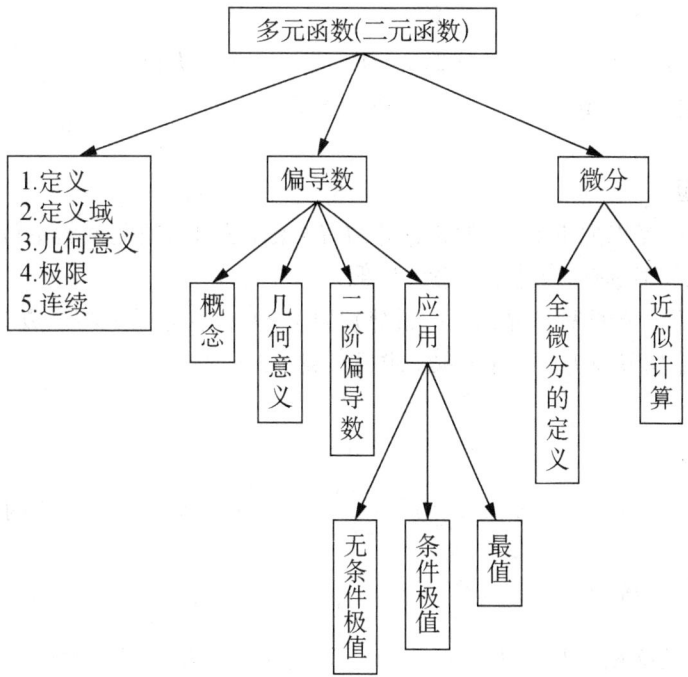

能力提升

1. 填空题

(1) 极限 $\lim\limits_{\substack{x\to 0 \\ y\to \pi}}\dfrac{\sin(xy)}{x}=$ _____.

(2) 函数 $z=\sqrt{\ln(x+y)}$ 的定义域为 _____.

(3) 设函数 $f(x,y)=\dfrac{xy}{x+y}$，则 $f(x+y,x-y)=$ _____.

(4) 函数 $z=\dfrac{x^2+y^2}{x-1}$ 的间断点是_____.

(5) 设 $z=\sin(3x-y)+y$，则 $\dfrac{\partial z}{\partial x}\Big|_{\substack{x=2\\y=1}}=$_____.

(6) 设 $u=xy+\dfrac{y}{x}$，则 $\dfrac{\partial^2 u}{\partial x^2}=$_____.

(7) 函数 $z=2x^2-3y^2-4x-6y-1$ 的驻点是_____.

2. 计算题

(1) 求下列二元函数的定义域，并绘出定义域的图形.

① $z=\sqrt{1-x^2-y^2}$；　　　　(2) $z=\ln(x+y)$.

(2) 求下列函数的极限.

① $\lim\limits_{\substack{x\to 0\\y\to 0}}\dfrac{y\sin 2x}{\sqrt{xy+1}-1}$；　　　　(2) $\lim\limits_{\substack{x\to 0\\y\to 0}}\dfrac{1-\sqrt{x^2y+1}}{x^3y^2}\sin(xy)$.

(3) 设 $u=x\sin y+y\cos x$，求 u_x，u_y.

(4) 求函数 $z=2x^2-3xy+2y^2+4x-3y+1$ 的极值.

(5) 求函数 $z=\ln(x^2+y^2+e^{xy})$ 的全微分.

3. 应用题

(1) 要造一容积为 128 m³ 的长方体敞口水池，已知水池侧壁的单位造价是底部的 2 倍，问水池的尺寸应如何选择，方能使其造价最低？

(2) 某工厂生产两种商品的日产量分别为 x 和 y（件），总成本函数 $C(x,y)=8x^2-xy+12y^2$（元）. 商品的限额为 $x+y=42$，求最小成本.

答　案

1. (1) π.　(2) $x+y\geqslant 1$.　(3) $\dfrac{x^2-y^2}{2x}$.　(4) 直线 $x-1=0$ 上的所有点.　(5) $3\cos 5$.

(6) $\dfrac{2y}{x^3}$.　(7) $(1,1)$.

2. (1) ① 定义域为 $D=\{(x,y)\mid x^2+y^2\leqslant 1\}$，如图 4-18 所示；

② 定义域为 $D=\{(x,y)\mid x+y>0\}$，如图 4-19 所示.

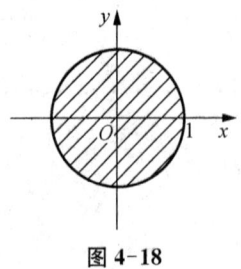

图 4-18

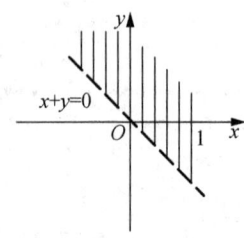

图 4-19

(2) ① 4；　② $-\dfrac{1}{2}$.

(3) $u_x=\sin y-y\sin x$，$u_y=x\cos y+\cos x$.

(4) 函数 z 在点 $(-1, 0)$ 处取极小值 $z(-1, 0) = -1$.

(5) $\mathrm{d}z = \dfrac{1}{x^2 + y^2 + \mathrm{e}^{xy}}[(2x + y\mathrm{e}^{xy})\mathrm{d}x + (2y + x\mathrm{e}^{xy})\mathrm{d}y]$.

3. (1) 当水池的长、宽、高分别为 8 m, 8 m, 2 m 时,其造价最低.

(2) 最小成本为 $C(25, 17) = 8\,043$ 元.

参考文献

[1] 同济大学数学系.高等数学上下册[M].7版.北京:高等教育出版社,2014.
[2] 刘坤起.集合论基础[M].北京:电子工业出版社,2014.
[3] 白水周.高等数学(经济类)[M].上海:同济大学出版社,2015.
[4] 吉耀武,曹西林.高等数学[M].上海:上海交通大学出版社,2016.
[5] 吴赣昌.微积分[M].北京:中国人民大学出版社,2017.
[6] 刘严.新编高等数学[M].辽宁:大连理工大学出版社,2016.
[7] 张太雷,刘俊利,王凯.常微分方程教程[M].西安:西北工业大学出版社,2016.
[8] 张帼奋,张奕.概率论与数理统计[M].北京:高等教育出版社,2017.
[9] 同济大学数学系.概率论与数理统计[M].北京:人民邮电出版社,2017.
[10] 郝兆宽,杨跃.集合论:对无穷概念的探索[M].上海:复旦大学出版社,2014.
[11] 孙良,闫桂峰.线性代数[M].北京:高等教育出版社,2016.
[12] 韦宁,王恩亮.新编高等数学[M].北京:机械工业出版社,2017.
[13] 高胜哲,张丽梅.大学数学[M].北京:清华大学出版社,2017.
[14] 章纪民.高等微积分教程下册[M].北京:清华大学出版社,2015.